"十四五"高等职业教育计算机类专业新形态一体化系列教材

软件测试技术

赵　恒　邹香玲　邹丽霞◎主　编
熊文俊　付宁娴　陈晓旭　杨彩霞　姚志霞◎副主编

中国铁道出版社有限公司
CHINA RAILWAY PUBLISHING HOUSE CO., LTD.

内 容 简 介

本书根据高等职业院校"软件测试"课程教学大纲,结合企业软件测试岗位能力模型,对接《1+X证书软件测试职业技能等级标准》,较全面地介绍了软件测试必要的基本理论和技能。本书采用项目任务式编写体例,分为6个项目,包括认识软件测试、软件测试基本概念、黑盒测试、白盒测试、性能测试和自动化测试。

本书由校企合作编写,突出实践性和实用性,配套资源丰富。本书适合作为高等职业院校"软件测试"课程的教材,也可以作为软件测试自学者的参考书。

图书在版编目（CIP）数据

软件测试技术 / 赵恒,邹香玲,邹丽霞主编 . —北京：中国铁道出版社有限公司,2024.3

"十四五"高等职业教育计算机类专业新形态一体化系列教材

ISBN 978-7-113-30483-6

Ⅰ.①软… Ⅱ.①赵…②邹…③邹… Ⅲ.①软件－测试－高等职业教育－教材 Ⅳ.① TP311.5

中国国家版本馆CIP数据核字（2024）第 013574 号

书　　名	软件测试技术
作　　者	赵　恒　邹香玲　邹丽霞

策　　划	韩从付	编辑部电话	（010）63549501
责任编辑	贾　星　贾淑媛		
封面设计	高博越		
责任校对	安海燕		
责任印制	樊启鹏		

出版发行：中国铁道出版社有限公司（100054,北京市西城区右安门西街8号）
网　　址：http://www.tdpress.com/51eds/
印　　刷：天津嘉恒印务有限公司
版　　次：2024年3月第1版　2024年3月第1次印刷
开　　本：787 mm×1 092 mm　1/16　印张：12　字数：302千
书　　号：ISBN 978-7-113-30483-6
定　　价：39.80元

版权所有　侵权必究

凡购买铁道版图书,如有印制质量问题,请与本社教材图书营销部联系调换。电话：（010）63550836

打击盗版举报电话：（010）63549461

前 言

党的二十大报告明确了教育、科技、人才优先发展的实践路径,进一步强化了其在现代化建设中的基础性、先导性和全局性地位。报告指出要"加快建设教育强国、科技强国、人才强国,坚持为党育人、为国育才,全面提高人才自主培养质量,着力造就拔尖创新人才,聚天下英才而用之"。这就为高校培养科技人才提出了新的要求。

随着互联网技术的快速发展,软件产品已经应用到社会的各个行业领域,软件产品的应用加快了人们生活和工作的步伐,人们对软件产品和网络的依赖性也越来越大,对软件产品的质量也提出了越来越高的要求。现在的软件功能越来越丰富,结构越来越复杂,软件测试作为保证软件质量的重要手段,贯穿了软件整个生命周期,可以及时发现问题,提高软件质量。

本书根据高等职业院校"软件测试"课程教学大纲编写,结合企业软件测试岗位能力模型,对接《1+X证书软件测试职业技能等级标准》,阐释了软件测试的基本理论、黑盒测试、白盒测试、性能测试和自动化测试常用的技术和工具,采用项目任务式的编写体例,每个项目由若干个任务组成,以任务驱动的方式组织内容,由浅入深,将软件测试的知识点和技能点融入项目测试的全过程,同时融入新技术、新工艺、新规范,突出实用性、时代性。本书共分为六个项目,具体内容如下:

项目一 认识软件测试,结合项目阐述软件测试的基本理论知识、软件测试的发展历程及发展前景、软件测试岗位技能要求、软件研发模型及测试模型。

项目二 软件测试基本概念,主要讲解软件生命周期、软件测试分类、软件测试流程及原则。

项目三 黑盒测试,主要阐释黑盒测试常用的技术,包括等价类划分法、边界值分析法、因果图设计法、决策表设计法、正交实验设计法、状态迁移设计法、场景设计法等。

项目四 白盒测试,阐释白盒测试常用的技术,包括逻辑覆盖法、程序插桩法等。

项目五 性能测试,讲解性能测试的指标及种类、性能测试流程、环境搭建及常用的工具JMeter和LoadRunner,使用JMeter或LoadRunner进行负载测试等。

项目六 自动化测试,介绍自动化测试的优缺点、自动化测试基本流程、自动化测试环境搭建、自动化测试常用技术等，对"教学诊断与改进平台"某些模块进行自动化测试，提高测试效率。

本书编写特色如下：

1. 校企合作，突出实践。为提高学生的实践能力，引入校企合作项目"教学诊断与改进平台"，根据需求划分成不同测试项目，将项目划分成一个个任务，通过任务驱动的方式引导学生学习完成任务，实现理论与实践的有机融合。

2. 融入课程思政。课程积极融入思政元素，在学习专业知识的同时，培养学生责任意识、规范意识、质量意识、安全意识、精益求精的大国工匠精神和团队合作精神，激发学生的家国情怀和使命担当。

3. 对接 1+X 证书。本书对接软件测试产业，依据软件测试工程师岗位技能要求，结合职业技能等级证书标准内容，融入职业技能大赛，岗课赛证融通，培养学生分析问题和解决问题的能力、软件测试工程实践能力和创新能力，树立学生的质量、效率、成本和规范意识。

4. 配套资源丰富。本书提供了配套的教学大纲、教案、PPT、案例资源及项目所涉及的代码、工具等电子资源，可以到中国铁道出版社有限公司教育资源平台（http://www.tdpress.com/51eds/）下载。

本书由郑州信息科技职业学院组织编写，由郑州城建职业学院与河南八六三软件股份有限公司参与编写。郑州信息科技职业学院赵恒、邹香玲、邹丽霞任主编，郑州信息科技职业学院熊文俊、付宁娴、陈晓旭和郑州城建职业学院杨彩霞、姚志霞任副主编。具体编写分工如下：付宁娴、陈晓旭共同编写项目一，陈晓旭、熊文俊共同编写项目二，熊文俊、付宁娴共同编写项目三，熊文俊、赵恒共同编写项目四，邹香玲、赵恒共同编写项目五，邹香玲、邹丽霞共同编写项目六，杨彩霞、姚志霞负责案例的搜集和整理工作。编写团队成员既有教学经验丰富的一线教师，又有实践经验丰富的企业工程师，从而为本书的编写质量提供了有力保障。本书的编写得到了院校和公司领导的大力支持，在此表示感谢。

由于软件技术发展较快，加之编者水平有限，书中难免有疏漏和不妥之处，恳请广大读者批评指正。编者邮箱为 rjcsjs@sina.com。

编　者
2023 年 8 月

目 录

项目一 认识软件测试 1

 任务一 了解 IT 行业 2
  一、IT 行业概述 2
  二、IT 行业的发展历史 3
  三、IT 行业的发展现状 4
 任务二 了解软件测试的历史 5
  一、软件测试概述 5
  二、软件测试的发展历程 6
 任务三 了解软件测试的发展现状、前景及从业要求 7
  一、软件测试的发展现状 7
  二、软件测试的前景 8
  三、软件测试团队架构 8
  四、软件测试工程师岗位要求 9
 任务四 认知软件测试 10
  一、软件测试目的 10
  二、软件缺陷概述 11
 任务五 认识软件研发模型与软件测试模型 12
  一、软件研发模型 12
  二、软件测试模型 16
  三、软件测试与软件开发的关系 19
 项目小结 20
 习题 20

项目二 软件测试基本概念 21

 任务一 认知软件生命周期 22
  一、了解软件的分类 22
  二、了解软件生命周期 24
 任务二 掌握软件测试的分类 26
  一、了解软件测试的分类依据 26
  二、掌握常见的软件测试分类 26

任务三　认识软件测试流程	31
一、了解软件测试流程	31
二、编写软件测试报告	32
任务四　设计软件测试用例	33
一、测试用例的作用	34
二、测试用例设计的基本原则	34
三、测试用例的格式	35
四、设计测试用例的方法	36
任务五　理解软件测试原则	36
项目小结	38
习题	39

项目三　黑盒测试 40

任务一　使用等价类划分法设计测试用例	41
一、等价类划分概述	42
二、等价类的种类	42
三、等价类划分原则	42
四、设计测试用例	43
任务二　使用边界值分析法设计测试用例	45
一、边界值分析法概述	45
二、边界点定义	46
三、边界值分析法的原则	46
四、使用边界值分析法设计测试用例的步骤	46
任务三　使用因果图设计法设计测试用例	47
一、因果图设计法概述	48
二、因果图逻辑关系	48
三、因果图设计测试用例的步骤	49
任务四　使用决策表设计法设计测试用例	50
一、决策表概述	50
二、决策表的组成部分	50
任务五　使用正交实验设计法设计测试用例	53
一、正交试验设计法概述	53
二、正交实验法设计测试用例的步骤	54
任务六　使用状态迁移设计法设计测试用例	57
一、状态迁移设计法概述	57
二、状态迁移设计法设计测试用例的步骤	57

任务七　使用场景设计法设计测试用例...59
一、场景设计法概述...59
二、场景设计法流程...59
任务八　使用错误推测法设计测试用例...61
项目小结...62
习题...63

项目四　白盒测试...64
任务一　使用逻辑覆盖法设计测试用例...65
任务二　使用程序插桩法设计测试用例...71
一、目标代码插桩法...71
二、源代码插桩法...72
项目小结...76
习题...76

项目五　性能测试...77
任务一　初识性能测试...78
一、性能测试概述...78
二、性能测试的指标...79
三、性能测试的种类...81
任务二　掌握性能测试流程及常用工具...82
一、性能测试流程...82
二、性能测试工具...83
任务三　使用性能测试工具 JMeter 完成负载测试...87
一、JMeter 环境配置...87
二、JMeter 负载测试...94
任务四　使用性能测试工具 LoadRunner 完成负载测试...107
一、LoadRunner 负载测试的流程...108
二、LoadRunner 环境配置...108
三、LoadRunner 负载测试...112
项目小结...142
习题...143

项目六　自动化测试...144
任务一　初识自动化测试...145
一、自动化测试概述...145

二、自动化测试优缺点 146
　　三、引入自动化测试条件 147
　　四、自动化测试工程师应具备的条件 147
　任务二　掌握自动化测试基本流程及常用工具 148
　　一、自动化测试基本流程 148
　　二、常用的自动化测试工具 149
　任务三　掌握自动化测试环境搭建 150
　任务四　掌握 WebDriver 基本操作 160
　　一、浏览器基本操作 160
　　二、窗口操作 162
　　三、页面元素的定位 162
　　四、Selenium 常用方法 165
　　五、设置等待时间 168
　任务五　使用自动化测试模型进行自动化测试 169
　　一、线性测试 169
　　二、模块化驱动测试 170
　　三、数据驱动测试 171
　　四、关键字驱动测试 174
　任务六　使用 UnitTest 框架进行自动化测试 175
　　一、相关概念 175
　　二、设置断言 177
　　三、生成测试报告 179
项目小结 183
习题 184

项目一
认识软件测试

项目导读

随着电子计算机、智能手机的逐步普及,以及互联网技术的飞速发展,我国已有超过十亿用户接入互联网,形成了全球规模最大、应用渗透最强的数字社会。不同类型的软件被深入应用于人类社会生活各领域,软件系统的规模和复杂性与日俱增,发现软件缺陷的概率变大,软件缺陷的类型也逐渐增加。软件因其"看不见,摸不着"的非有形产品特征,有别于其他传统工业产品,其质量无法或难以采用传统的工业品检验方法去测试。为了更好地检测软件质量,软件测试行业应运而生,其发展历史、具体概念、测试原则、测试模型等内容将在本项目中一一呈现。

项目目标

知识目标

◎ 了解 IT 行业发展历史。
◎ 了解软件测试的发展历史。
◎ 了解软件测试的发展现状及前景。
◎ 了解软件测试的目的。
◎ 了解软件缺陷的定义。
◎ 了解软件研发模型。
◎ 掌握软件测试模型。

技能目标

◎ 能够根据项目需求选择合适的软件研发模型。

◎能够根据项目需求选择合适的软件测试模型。

素养目标

◎感受我国在软件领域的迅猛发展，提升民族自豪感。

◎树立科技报国的决心。

◎培养精益求精的工匠精神。

◎提升自主探究能力。

◎提升团队协作能力。

选择题

1. 世界上第一台电子计算机埃尼阿克（ENIAC）于（　　）年诞生。
   A．1936　　　　B．1937　　　　C．1946　　　　D．1947
2. 下列关于软件测试的说法，（　　）是错误的。
   A．软件测试就是程序测试
   B．软件测试贯穿于软件定义和开发的整个期间
   C．需求规格说明、设计规格说明都是软件测试的对象
   D．程序是软件测试的对象

任务一　了解 IT 行业

任务描述

小张同学听说IT行业就业机会多、薪资待遇整体较高，非常想从事该行业的工作。为了达成这个目标，他希望深入了解什么是IT行业，以及这个行业的发展历史和当前现状。本任务让我们一起来探讨IT行业及其发展历程与现状。

任务实施

一、IT 行业概述

小张同学：师傅，过年回家时，听到表哥说他在深圳从事IT行业，薪资待遇比较满意，请问IT行业到底包含哪些方向呢？是不是都和我表哥一样是程序员？

师傅：IT是信息技术（information teachnology）首字母的缩写，IT行业是指以计算机和通信技术为基础的信息技术产业，涵盖了很多领域，大致上可分为硬件、软件和应用三个层面。

具体来说，可包含以下领域和方向：

（1）软件开发，包括使用不同程序设计语言进行的系统软件和应用软件的开发。

（2）硬件制造，包括计算机、手机、平板电脑、服务器等设备制造。

（3）人工智能技术，涵盖了机器学习、深度学习、自然语言处理等利用计算机模拟人类智能的技术。

（4）大数据技术，指数据存储、数据处理、数据分析等处理海量数据的技术与方法。

（5）云计算技术，指利用计算机网络完成分布式计算，存储和集合相关资源，按需配置给相关用户的技术。

（6）物联网技术，指把各种物品通过互联网连接起来，实现万物互联的技术。

（7）虚拟现实技术，指通过计算机技术和VR（virtual reality，虚拟现实）感官设备模拟出与现实世界相似或全新的虚拟环境。

（8）网络安全技术，指保护计算机系统、网络系统和数据不受非法侵入、破坏和盗窃的技术和方法。

（9）电子商务，指利用互联网、移动网络等电子技术手段进行商业活动和交易的方式。

以上只是IT行业的一部分，随着科技的不断进步，IT行业会不断地涌现新的领域和方向。

二、IT 行业的发展历史

小张同学：师傅，听了您的介绍，我知道了IT行业主要与计算机和通信技术相关，其发展进程和计算机的发展息息相关，请您给我简单介绍下计算机的发展历史吧？

师傅：1946年，在美国宾夕法尼亚大学的莫尔电机学院，人类历史上的第一台电子计算机埃尼阿克（ENIAC）诞生了。随后70多年的岁月里，计算机逻辑元件的迭代更新带来计算机性能的快速提升，CPU运行速度更快，存储设备容量日渐增大，计算机软件也随之经历了巨大的变革。

IT技术深入我们的日常生活中，已经成为经济增长的新引擎，对人类社会产生了深刻而久远的影响。我们根据计算机所采用的电子器件的不同，可以将计算机的发展划分为以下四个阶段。

1. 第一代电子管计算机（1946—1959 年）

第一代电子管计算机采用电子管作为基本逻辑元件。其体积大、耗电量大、寿命短、可靠性低、成本高；主存储器采用水银延迟线或静电存储管，容量很小；外存储器（外存或辅存）使用了磁鼓；输入/输出装置主要采用穿孔卡；此时的计算机没有系统软件，用机器语言和汇编语言编程，计算机只能在少数尖端领域中得到运用，一般用于科学、军事和财务等方面的计算，其运算速度仅为每秒数千至数万次。

2. 第二代晶体管计算机（1960—1964 年）

第二代晶体管计算机采用晶体管等半导体器件作为逻辑元件。与电子管相比，其体积小、耗电少、速度快、价格低、寿命长；主存储器采用磁性材料制成磁芯；外存储器采用磁盘、磁带，存储器容量有了较大提升；计算机软件技术也取得了较大发展，编程语言取得了不小的发展，此时出现了高级程序设计语言，如FORTRAN语言；计算机开始出现操作系统，大大提高了它的工作效率，计算机开始进入实时过程控制和数据处理领域，运算速度达到每秒数百万次。

3. 第三代中小规模集成电路计算机（1965—1969年）

第三代中小规模集成电路计算机使用中小规模集成电路作为逻辑元件。20世纪60年代初期，美国的基尔比和诺伊斯发明了集成电路，引发了电路设计革命，比手指甲还小的晶片上包含了几千个晶体管元件。其体积更小，耗电更少，寿命更长，价格更低、可靠性更高；前两代计算机主存储器以磁芯为主，从此时开始使用半导体存储器，存储容量大幅度提升，集成电路的集成度以每3~4年提高一个数量级的速度增长；计算机系统软件与应用软件迅速发展，出现了分时操作系统和会话式语言，操作系统日趋完善；运算速度可达每秒几十万次至几百万次基本运算。

4. 第四代大规模、超大规模集成电路计算机（1970年至今）

第四代大规模、超大规模集成电路计算机采用了大规模、超大规模集成电路作为逻辑元件。1967年和1977年分别出现了大规模和超大规模集成电路，自此以后，计算机性能发生巨大改变，例如1985年英特尔公司推出的第一个32位80386微处理器，在面积约为100 mm^2的单个芯片上，可以集成大约32万个晶体管；其主存储器采用半导体存储器，容量已达第三代计算机外存储器的水平；外存储器方面，磁盘的容量成百倍增加，并开始使用光盘、U盘；输入设备出现了光字符阅读器、触摸输入设备和语音输入设备等，操作更加简洁、灵活；输出设备已逐步以激光打印机为主，字符和图形输出更加逼真、高效。

三、IT行业的发展现状

1987年，中国科学院接入互联网，成功发出国内第一封电子邮件，揭开了我国互联网发展的序幕。自此之后，中国的互联网行业呈现爆发式增长。中国互联网络信息中心（CNNIC）发布的第52次《中国互联网络发展状况统计报告》显示，截至2023年6月，我国网民规模为10.79亿，互联网普及率达76.4%，互联网已经深入到我国民众的生活。

在我国，超过十亿用户接入了互联网，形成了全球规模最大、应用渗透最强的数字社会，互联网应用和服务的广泛渗透构建起数字社会的新形态。今日头条、抖音等软件，更是彻底改变了读者的碎片化时间利用方式，8.88亿人看短视频、6.38亿人看直播，短视频、直播正在成为全民新的生活方式；使用淘宝、京东等电子商务平台，足不出户就可以买遍全球；使用美团、饿了么等软件，可以很便利地在家享用全城美食，人们的购物方式、餐饮方式发生了明显变化。

现如今，随着全球经济一体化进程的加快，世界范围的产业结构调整和信息技术进步，必将对我国IT行业发展产生深刻影响，国家已经把软件产业作为国家的战略性产业。根据智联招聘的数据，2022年毕业生期望的行业榜首就是IT、互联网行业，其数据甚至赶上了第二名、第三名、第四名的总和。IT行业是一个蓬勃发展的行业，拥有广阔的发展前景和高薪的就业机会，是职业发展的好选择。在这个快速变化的时代，IT从业者需要不断地学习和更新知识，以应对未来的挑战和机遇。

任务二　了解软件测试的历史

视频·
软件测试的历史

任务描述

小张同学了解到，软件测试工程师作为近年来热度较高的职业，颇受IT从业者欢迎，那么软件测试行业的变迁历程究竟如何？本任务先来了解一下软件测试的发展历史，包含第一类、第二类软件测试方法等。

任务实施

一、软件测试概述

小张同学：师傅，虽然我想要从事IT行业的工作，但是我的代码编写能力并不突出，咨询在深圳从事程序员工作的表哥后，他建议我学习软件测试，说目前市场上对软件测试工程师的需求量很大，请问软件测试究竟是什么？它的发展历程是什么样的？

师傅：计算机软件是计算机系统中一系列计算机指令序列构成的能完成特定功能的程序及文档。随着软件行业的迅速发展，不同类型的软件被深入应用于人类社会生活各领域，软件系统的规模越来越大，复杂性与日俱增，软件缺陷的数量及其错误概率逐渐增加。一些重要的软件系统，如航空航天自动控制软件、国家军事防御系统、银行结算系统、证券交易系统、医疗诊断系统等如果出现重大缺陷，可能会造成灾难性的后果。

例如，1962年，携带空间探测器的水手1号探测器前往金星，起飞后不久就偏离了预定航线。飞行任务控制系统在起飞293 s后就发出指令摧毁了探测器，在大西洋上空摧毁了火箭。事后，事故调查结果显示，一名程序员将一条手写的运行错误代码输入计算机，导致运行轨道偏离和错误指令的产生，引起损失达到1 850万美元。此后在关键性发射任务中，都会进行独立的软件测试验证，软件测试就此正式产生了。

一些软件的用户数量十分庞大，例如抖音App有超过7亿的活跃用户，即使是微小的bug也会影响到上亿用户的使用体验。而一些购物软件例如京东等，其程序bug，例如优惠券错误设置金额为原计划的10倍，可能造成成百上千万元的经济损失。因此软件公司对软件质量的要求越来越高，软件测试作为提高软件产品的可靠性、安全性和运行性能的有效手段，其重要性日益凸显。

因软件具有"看不见，摸不着"的非有形产品特征，有别于其他传统工业产品，软件的质量无法或难以采用传统的工业品的检验方法。在软件开发过程中难以及时监测其质量，最终产品的质量检验则更加复杂和困难。

软件测试是根据软件开发各阶段的规格说明和程序的内部结构而精心设计的一批测试用例（即输入一些数据而得到其预期的结果），通过人工或者自动检测的方式，使用测试用例去运行程序，弄清楚预期结果与实际结果之间的差异，为了发现错误而审查软件文档、检查软件数据和执行程序代码的过程。软件测试的目的是尽早找出软件缺陷，从而使软件功能正常实现、运行趋于完美，是软件质量保证的关键步骤。

二、软件测试的发展历程

过去,在软件规模整体较小时,程序员在编写代码的同时,还肩负着程序代码测试、保证代码质量的职责。程序员此时所做的"测试"工作并非真正意义上的软件测试活动,他们所做的测试,更应该称作"调试"。彼时,软件测试工作投入极少,测试工作介入也晚,常常是等到代码编写出来、产品基本完成时才进行测试。

直到1957年,软件测试才开始与软件调试区别开来,成为一种单独的致力于发现软件缺陷的活动。1973年,Bill Hetzel给出软件测试的第一个定义:"软件测试就是对程序能够按预期的要求运行建立起的一种信心。"该方法是试图验证软件是"工作的",也就是指软件的功能合乎前期的设计,满足用户的需求。这是一种正向思维的方式,针对软件前期设计清单的所有功能点,逐个验证其正确性,这种方法被称为软件测试的第一类方法。

1979年,Myers提出软件测试的目的是证伪,即"软件测试是以发现错误为目的而运行的程序或系统的执行过程"。他还给出了与测试相关的三个重要观点,那就是:"测试是为了证明程序有错,而不是证明程序无错误;一个好的测试用例是在于它能发现至今未发现的错误;一个成功的测试是发现了至今未发现的错误的测试。"这就是软件测试的第二类方法,这属于逆向思维的方式,简单地说就是测试是验证软件是"不工作的",或者说是有错误的,一个成功的测试必须是发现更多缺陷的测试。

20世纪80年代后期,全球软件业迅速发展,软件规模越来越大,复杂程度越来越高,软件测试的重要性凸显,此时软件测试的基础理论和实用技术开始形成,出现了专业的软件测试人员使用专业的测试软件对软件进行测试。软件测试定义发生了改变,测试不再单纯是一个发现错误的过程,而且包含对软件质量评价的内容,软件测试被作为软件质量保证的一个重要手段,用以控制、保障和评价软件的质量,并为此制定了软件测试工程与技术的标准。1983年,Bill Hetzel提出:"测试是以评价一个程序或系统属性为目标的任何一种活动,测试是对软件质量的度量。"与此同时,电气和电子工程师协会(institute of electrical and electronics engineers,IEEE)对软件测试的定义是:"使用人工或自动的手段来运行或测量软件系统的过程,目的是检验软件系统是否满足前期需求分析的规定,并找出与预期结果之间的差异。"从此,软件测试进入新的发展时期,成为软件领域的专门学科,并开始形成较完整的理论体系与技术方法,测试被正式列入软件工程范畴,具有高度的独立性,并逐渐实现工程化。

具体软件测试的发展历程如图1-1所示。

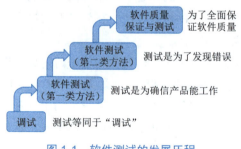

图1-1 软件测试的发展历程

任务三　了解软件测试的发展现状、前景及从业要求

任务描述

小张同学已经了解了软件测试的发展历史，近年来，软件测试行业的发展现状如何？其行业未来发展前景如何？小张同学日后想要从事软件测试相关工作，需要具备哪些基本素质才能胜任相关岗位？本任务先来了解一下软件测试的发展现状、前景及从业要求。

任务实施

一、软件测试的发展现状

小张同学：师傅，我已经了解到对软件进行测试可以较好地保障软件运行的质量，那么我国软件测试行业的发展现状如何？这个行业前景如何？软件测试团队的架构是什么样的？成为软件测试工程师需要具备哪些基本素质呢？

师傅：进入21世纪后，软件测试理论和技术进一步发展，软件测试与软件开发由相对独立逐渐开始出现既独立又融合的特性。开发人员承担部分软件测试的责任，同时，测试人员也将更多参与测试代码的开发工作，软件开发与测试的边界十分清晰，但过程又融为一体。以敏捷开发模式为代表的新一代软件开发模式，产生和融入了软件开发的新思想、新模式、新策略。

基于测试模型研究与应用，基于云计算、大数据的测试，基于Web 2.0的软件测试，基于安全性的测试，基于虚拟化技术创建、维护、优化测试环境，乃至测试执行等都成为软件测试领域的新热点、新应用。对测试质量的衡量已从计算缺陷数量、测试用例数量转到需求覆盖、代码覆盖方面。

软件测试的重要性和理论、技术体系和应用的发展，促使软件企业中产生了专门的软件测试组织、机构，测试策略与技术得到更新，自动化测试程度得到提高。与此同时，产生了专门从事软件测试专业工作的企业，使软件测试工作呈现出职业化的特征。

目前来看，现有的软件数量越来越多，规模越来越大，软件测试任务越来越重。以国内的App市场为例，工业和信息化部公布的数据显示，截至2021年11月末，国内市场上监测到的App数量为273万款，其中本土第三方应用商店App数量为137万款，苹果商店（中国区）App数量为136万款。软件规模也越来越大，一些超大型软件的开发团队可能包含上千名成员，开发周期可持续3年以上，例如航天飞机控制软件有4 000万行代码，空间站控制软件有10亿行代码，就连我们日常生活中广泛使用的Windows操作系统也有4 500万～6 000万行代码。巨大的软件规模势必带来更多的软件缺陷数，软件的复杂度逐渐提升，软件缺陷概率增大，软件测试难度也逐渐增大。软件应用热点、应用形式的快速演进，也使测试需求越来越多样化，例如支付宝等App还需要测试刷脸支付、声波支付等功能。

近年来我国软件测试行业市场规模稳定增长，据中研普华产业院研究报告《2023—2028

年中国软件测试行业现状分析及未来发展趋势预测报告》显示，截至2021年，我国软件测试行业市场规模达到2 347亿元，同比增长18%，国内超过150万软件从业人员中，能担当软件测试职位的不超过10万人，具有3～5年及以上从业经验的更是不足5万人，市场上的软件测试工程师供应相对紧缺，且在能力方面也普遍被认为有待加强，高级软件测试工程师更是严重不足。与此同时，国内30万的软件测试人才需求缺口正以每年20%的速度递增。测试工程师正在成为软件开发企业必不可少的技术人才。

二、软件测试的前景

目前出现了针对软件模型分类的测试技术，具体分为故障模型、并发故障模型、不良习惯模型、诱骗代码模型等。在开展基于模型的测试时，首先要确定软件模型，然后通过检测算法进行检测，若检测算法结果符合质量要求，则能排除该类模型。基于模型的软件测试工具能够自动检测软件中的故障，并且善于发现前期测试并没有发现的一些软件故障及隐患。

基于模型的测试技术存在测试自动化程度高、测试效率高、能够发现其他测试方法难以发现的漏洞等优势。但是，鉴于基于模型的测试技术属于静态分析技术，而某些软件故障的确定需要动态执行的信息，可能会出现缺陷误报或漏报问题。

国外成熟软件企业，软件测试的工作量和费用已占到项目总量的53%～87%，软件开发人员与测试人员的比例约为1∶2，而国内的软件企业，平均4个软件开发工程师才对应1个软件测试工程师，软件测试工程师的缺口较大。

软件测试工程师是一项需具备较强专业技术的岗位，需要接受完整的高等教育，经过系统的职业培训，具有专业的技术水准与高度的工作责任心。目前国内相关人才培养有一定滞后性，企业相关人才缺乏，相较于软件开发工程师，测试工程师的缺口更大、机会更多。

三、软件测试团队架构

软件测试团队一般采用图1-2所示的组织结构，往往一个测试组长或测试经理带领几个测试工程师，一个小型的软件测试团队在5人左右，可根据工作内容及团队技术规划配备自动化测试、性能测试等不同技术方向的测试工程师。

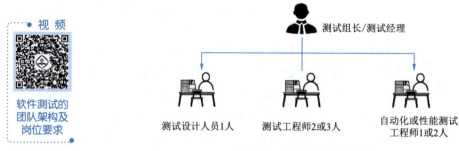

图 1-2　软件测试小组架构

1. 测试组长

测试组长隶属于测试部门，由测试主管指派，有些公司称测试组长为测试经理。接收一个项目测试需求后，测试主管会根据项目实际情况，如项目技术要求、业务要求，指派合适的测试工程师担当测试组长角色，由其负责该项目的所有测试工作。

2. 测试设计人员

测试设计人员一般由高级测试工程师担当，负责项目测试方法设计、测试用例设计，以及性能测试步骤、流程、脚本、场景设计等。很多公司将该角色与测试工程师重叠，不严格区分测试设计人员与测试工程师角色。

3. 测试工程师

测试工程师的实际工作内容大多数是执行测试用例，进行系统功能测试，经过多次版本迭代，完成系统测试。一般由初级测试工程师、中级测试工程师担当。

4. 自动化或性能测试工程师

一个测试小组一般配备一个自动化或性能测试工程师，以便开展自动化测试或性能测试。

四、软件测试工程师岗位要求

想要成为软件测试工程师，需要对软件有全面的了解，能够检查软件是否实现了预期的需求，寻找软件缺陷，并帮助开发工程师定位缺陷，尽可能在项目早期发现并解决缺陷。一般情况下，岗位要求分为技术技能需求和职业素质需求。

（一）技术技能需求

1. 岗位基础要求

- 学历：软件测试工程师的最低学历要求一般是专科以上。
- 专业：专业以计算机及相关专业为主，不过一些特殊行业可能有特殊的需求，例如医疗软件公司倾向于招聘医疗相关专业毕业生。

2. 软件测试相关技术

- 了解软件开发、软件生命周期等基础知识。
- 能从客户角度思考问题，迅速理解客户需求。
- 了解相应的软件开发及软件测试模型。
- 掌握软件测试常用的黑盒、白盒测试技术、方法及流程。
- 熟练掌握软件测试文档写作方法，如设计测试用例、撰写测试报告。
- 熟练掌握主流测试工具的使用，如自动化测试工具Selenium、性能测试工具LoadRunner、测试管理工具禅道等。

3. 相关软件开发知识

从事软件测试工作不要求一定掌握代码编写技术，例如开展黑盒测试不需要了解软件代码，只需要测试软件功能实现情况。但是若想要成长为高级软件测试工程师，则需要掌握一定的软件开发知识，不需要像软件开发测试工程师那样精通程序设计语言，但是需要了解多种程序设计语言，需要对代码有广泛的了解，要求能够读懂多种软件代码，开展白盒测试。

4. 行业知识

软件测试工程师在工作中需要行业专家与开发测试工程师紧密协作来分析需求，可能需要花费数年的时间才能全面了解该行业的业务逻辑，需要测试工程师对该行业有一定的积累沉淀。

(二) 软件测试人员的职业素质

1. 责任心

测试工作开展初期,被测对象中存在大量缺陷,测试工程师毫不费力即可找到缺陷。随着测试工作不断深入,缺陷的寻找就变得越来越困难,因此实际工作中,软件测试效果很大程度取决于测试工程师全力寻找缺陷的责任心。

2. 沟通能力

测试是连接开发工程师和客户的纽带,当发现的缺陷不被开发工程师认可时,如何从理论、实际应用以及缺陷可能引发的后果等角度去阐述缺陷,获取开发工程师的认可,非常考验测试工程师的沟通能力。

3. 团队合作精神

一个高质量的软件产品从立项、设计、生产到发布,需要多部门协同工作,是团队智慧的结晶。软件测试工程师需要具备高度的团队合作精神,为同心协力孕育高质量的软件做出努力。

4. 耐心、细心、信心

软件测试工作中,寻求缺陷的过程需要测试工程师有极大的耐心、细心、信心,缺陷寻找到后要和开发工程师认真沟通,获取其认可,并对其修改后的缺陷进行回归测试。

5. 良好的文档编写能力

在从事软件测试工作的过程中,需要测试人员编写很多文档,如软件测试计划、软件测试用例、软件缺陷报告、软件测试报告,需要良好的文档编写能力。

任务四　认知软件测试

任务描述

小张同学已经对软件测试概念、软件测试前景及软件测试工程师的岗位要求有了一定的认识,然而,软件测试的目的是什么?前文中反复提到的软件缺陷究竟是什么含义?本任务来了解软件测试的目的,认识软件缺陷的定义。

任务实施

一、软件测试目的

小张同学:师傅,您一直提到软件测试是保障软件质量的重要手段,软件测试的目的仅仅是为了寻找软件缺陷吗?有没有其他目的呢?具体而言,究竟什么是软件缺陷?

师傅:软件测试的目的就是在新开发的软件中找到缺陷然后进行修改,保证用户使用体验,保障人们的财产安全。

软件测试时需要尽可能查找错误，在设计测试用例时，需要设计一些容易暴露程序错误的用例，寻找隐藏的错误和缺陷。软件测试包含了若干测试活动，不同测试阶段的测试目的有所差别。

（1）在需求分析阶段，通过测试评审活动，检查需求文档是否与用户期望一致，主要是检查文档错误（表述错误、业务逻辑错误等），属于静态测试。

（2）在软件设计阶段，主要检查系统设计是否满足用户环境需求、软件组织是否合理有效等。

（3）在编码开发阶段，通过测试活动，发现软件系统的失效行为，从而修复缺陷。

（4）在验收阶段，主要期望通过测试活动检验系统是否满足用户需求，达到可交付标准。

（5）在运营维护阶段，执行测试是为了验证软件变更、补丁修复是否成功及是否引入新的缺陷等。

总体而言，实施软件测试的目的有以下几个方面：

（1）发现被测对象与用户需求之间的差异，即软件缺陷。

（2）寻找并解决缺陷，提高客户的使用体验。

（3）帮助开发工程师找到开发过程中存在的问题，包括软件开发模式、工具与技术方面的不足，预防下次缺陷的产生。

由于软件测试的目标是暴露程序中的错误，即使从心理学角度看，由程序的编写者自己进行测试也是不恰当的。在综合测试阶段通常由专门的测试人员组成测试小组来完成测试工作。此外，我们应认识到100%没有缺陷的软件是不存在的，即使经过了最严格的测试后，仍然会有缺陷隐藏在程序中。

二、软件缺陷概述

软件缺陷，又称作bug，是计算机软件或程序中存在的某种破坏正常运行能力的问题、错误，或者隐藏的功能缺陷。缺陷的存在会导致软件产品在某种程度上不能满足用户的需要。从产品内部看，缺陷是软件产品开发或维护过程中存在的错误等各种问题；从产品外部看，缺陷是系统所需要实现的某种功能的失效或违背。

视频

软件缺陷概述

软件故障示例事件：

Therac-25事件是在软件测试界被大量引用的案例。Therac-25是加拿大原子能有限公司生产的一种辐射治疗的机器。由于其软件设计时有瑕疵，致命的超剂量设定导致在1985年6月到1987年1月之间的六起已知的医疗事故中，出现患者死亡或严重辐射灼伤情况。事后的调查发现整个软件系统没有经过充分的测试，而最初所做的Therac-25全分析报告中有关系统安全分析只考虑了系统硬件，没有把计算机故障（包括软件）所造成的隐患考虑在内。

上述软件故障案例启发我们，没有经过软件测试或测试覆盖不全面的软件产品是存在风险的，轻则可影响软件的使用，重则造成财产损失，甚至可能危及人们的生命安全。

软件缺陷的表现形式不仅体现在功能的失效方面，还体现在其他方面，主要类型有：

（1）软件没有实现产品规格说明所要求的功能模块。

（2）软件出现了产品规格说明指明不应该出现的错误。

（3）软件实现了产品规格说明没有提到的功能模块。

（4）软件没有实现虽然产品规格说明没有明确提及但应该实现的目标。

（5）软件难以理解，不容易使用，运行缓慢，或从测试员的角度看，最终用户会认为不好的模块。

软件缺陷的属性包括缺陷标识、缺陷类型、缺陷严重程度、缺陷优先级、缺陷状态、缺陷来源等。

（1）缺陷标识：是标记某个缺陷的一组符号，每个缺陷必须有一个唯一的标识。

（2）缺陷类型：是根据缺陷的自然属性划分的缺陷种类。

（3）缺陷严重程度：是指因缺陷引起的故障对软件产品的影响程度。

（4）缺陷优先级：指缺陷必须修复的紧急程度。

（5）缺陷状态：指缺陷通过一个跟踪修复过程的进展情况。

（6）缺陷来源：指引起缺陷的起因。

任务五　认识软件研发模型与软件测试模型

小张同学已经对软件测试有了初步的了解，软件作为一种特殊的"产品"，也可以遵循一定的模型进行研发和测试。本任务我们一起来学习软件研发模型及软件测试模型，针对不同的项目，你会不会选择合适的软件研发模型及软件测试模型呢？

一、软件研发模型

软件研发模型是软件生产过程中分析、设计、研发活动所遵循的框架模式。不同项目团队在不同业务背景下，选用合适的研发模型将会提高软件研发效率，降低研发成本，提高产品质量。

一个常见的软件研发活动包括需求分析、概要设计、详细设计、编码、集成联调等多个环节。由于软件的需求、规模和类型不尽相同，开发不同软件产品的过程中将会采用不同的开发模式。目前较为流行的研发模型多种，下面简要介绍瀑布模型、原型模型、螺旋模型、RUP模型和敏捷模型。

1. 瀑布模型

温斯顿·罗伊斯（Winston Royce）于1970年提出瀑布模型。它将软件开发过程中的各项活动按照固定顺序连接成若干阶段性工作，包含"计划—需求分析—软件设计—编码—测试—运行维护"六个阶段，如图1-3所示，因其形状如瀑布流水而得名瀑布模型，直到20世纪80年代早期，它都是唯一被广泛采用的软件开发模型。

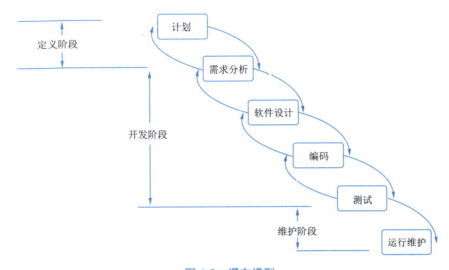

图 1-3 瀑布模型

在瀑布模型中，软件开发的各项活动严格按照线性顺序进行，只有当一个阶段任务完成之后才能开始下一个阶段。软件开发的每个阶段都有结果产出，结果通过审核验证之后，下一个阶段才可以顺利进行；如果结果审核验证不通过，则需要返回修改。瀑布模型易于理解、开发具有阶段性、强调早期的计划及需求分析、基本可确定何时交付产品及进行测试。

但是瀑布模型是严格按照线性方式进行的，无法适应用户需求变更，用户只能等到开发末期才能看到开发成果，增加了开发风险。各个阶段的划分完全固定，阶段之间产生了大量的文档，极大地增加了工作量。使用瀑布模型开发软件时，如果早期犯的错误在项目完成后才发现，此时再修改原来的错误需要付出巨大的代价。对于现代软件来说，软件开发各阶段之间的关系大部分不会是线性的，很难使用瀑布模型开发软件，因此瀑布模型不再适合现代软件开发，已经被逐渐废弃。

2. 原型模型

原型模型又称快速原型模型，它是增量模型的另一种形式。与瀑布模型相反，它在最初确定用户需求时快速构造出一个软件原型，向客户展示待开发软件的全部或部分功能和性能，客户对该原型进行审核评价，提出修改意见。最终开发工程师与客户达成共识，确定其真实需求，在明确原型的基础上开发出客户满意的软件产品。

快速原型模型类似于建造房子，确定客户对房子的需求之后快速地搭建一个房子模型，由客户对房子模型进行评价，指出需要改进的内容，一旦确定了客户对房子的要求，就开始真正建造房子。该模型的开发过程如图1-4所示。其优点是能减少由于软件需求不明确带来的开发风险，克服瀑布模型的缺点，其缺点是快速构建起来的系统结构可能导致软件产品品质不够高，原型的创建可能在一定程度上限制开发工程师的创新。

3. 螺旋模型

螺旋模型是一种演化软件开发过程模型，它兼顾了快速原型的迭代的特征以及瀑布模型的系统化与严格监控，增加了风险评估。此模型于1988年由巴利·玻姆（Barry Boehm）提出。它强调了其他模型忽视的风险分析，特别适合于大型复杂的系统。开发过程采用一种周期性的方法,在初始阶段不详细定义软件细节,从小规模开始定义重要功能,实现功能后测评其风险,制定风险控制计划,接受用户的反馈,确定进入下一阶段的开发并重复上述的过程,进行下一个螺旋与反复,再确定下一步是否继续,直到获得最终产品。

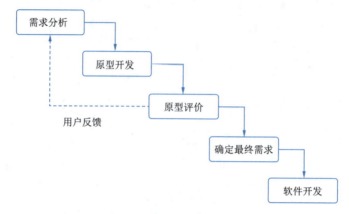

图 1-4　原型模型

每个螺旋包含5个步骤:确定目标、选择方案和限制条件,对方案风险进行评估并解决风险,进行本阶段开发和测试,计划下一阶段,确定进入下一阶段方法。一方面可以规避风险,另一方面在早期构造产品的局部版本时即交给客户以获得反馈,避免了像瀑布模型一样一次集成大量的代码。螺旋模型的基本思路是依据前一个版本的结果构造新的版本,这个不断重复迭代的过程形成了一个螺旋上升的路径,如图1-5所示。

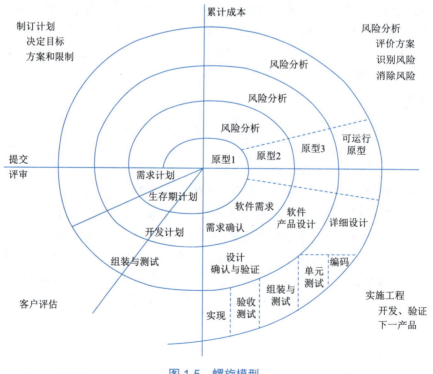

图 1-5　螺旋模型

螺旋模型在设计上很灵活,可以变更项目的各阶段,通过评估小的分段造价,更容易计算成本,客户从始至终参与项目开发,保证项目不偏离预期,更容易获得客户的认可。但是螺旋模型开发周期较长,有时会跟不上软件技术的发展,可能出现软件开发完毕后,和当前的技术水平有较大的差距,无法满足当前用户需求的情况。

4. RUP 模型

统一软件开发过程(rational unified process,RUP)是面向对象且基于网络的软件开发方法论,它是面向对象软件工程的通用业务流程,是一个迭代过程,由用例驱动,如图1-6所示。

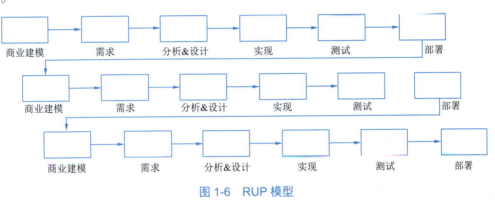

图 1-6 RUP 模型

用例是RUP模型中的一个重要概念,我们可以把一个用例理解为系统中的一个功能。用例贯穿整个软件开发的全过程,在需求分析中,客户对用例进行描述;在系统设计中,对用例进行分析;在开发实现过程中,开发工程师对用例进行实现;软件测试过程中,测试人员对用例进行检测。架构设计是RUP模型的一个重要组成部分,设计时选取技术和运行平台,对整个项目的基础框架进行设计,完成对公共组件的设计,并且对系统的可扩展性、安全性、可维护性提出可行的解决方案。

RUP模型是迭代式开发,通过不断迭代细化对问题的理解,降低项目开发风险,提高软件开发效率。开发人员不可能在系统开发之前就详细地理解全部需求,而RUP提供了如何获得、组织系统的功能和约束条件的方法。独立的、可替换的、模块化的组件体系结构方便管理,便于复用。该开发模型比较复杂,因此在模型的运用掌握上需花费较大成本,并对项目管理提出较高的要求。

5. 敏捷模型

敏捷模型产生于21世纪初,它以用户的需求进化为核心,采用迭代、循序渐进的方法进行软件开发的模型,如图1-7所示。敏捷模型不仅是一个开发过程,而是一类过程的统称,这些过程的共性为遵循敏捷原则,提倡简单、灵活与效率,符合敏捷的价值观:交互胜过过程与工具;可运行工作的软件胜过面面俱到的文档;与客户合作胜过合同和谈判;响应变化胜过教条、遵循原定计划。在敏捷开发中,软件项目的构建被切分成多个子项目,各个子项目的输出都经过测试,具备可集成和可运行的特征。换言之,就是把一个大项目分成多个相互联系、但也可独立运行的小项目,并分别完成,在此过程中软件一直处于可使用的状态。

敏捷模型主要包括迭代式增强开发过程(scrum)、特征驱动软件开发(feature-driven development,FDD)、自适应软件开发(adaptive software development,ASD)、动态系统开

发方法（dynamic systems development method，DSDM），以及很重要的极限编程（extreme programming，XP）方法。

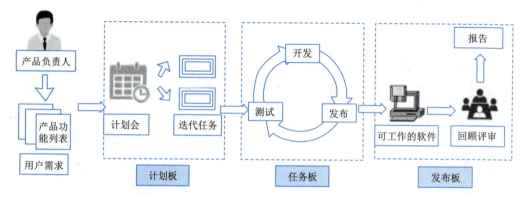

图 1-7　敏捷模型

敏捷开发的高适应性，凸显了以人为本的特性，能够更加灵活并且充分利用每位开发者的优势，调动每位开发者的工作热情。但是由于项目周期很长，如果中途更换开发人员，会因为没有文档资料而造成交接困难。

二、软件测试模型

视　频

认识软件测试模型

类比于软件开发模型，软件测试也有过程模型。软件测试过程模型是对测试过程的一种抽象，用于定义软件测试的流程和方法，指的是软件测试和开发阶段的对应关系，它可以被用来指导整个软件测试过程。

1. V 模型

V 模型是从瀑布模型演变而来的测试模型，也称验证模型，如图 1-8 所示。V 模型的流程是从上到下、从左到右，每个阶段都必须在下一个阶段开始之前完成。V 模型描述开发过程和测试行为。软件开发工程师进行需求分析、概要设计、详细设计、编码一系列研发活动后，可生成测试版本。

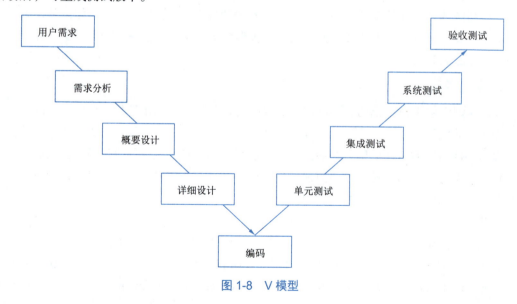

图 1-8　V 模型

V模型是一套必须严格按照一定顺序进行开发的步骤,但很可能并没有反应实际的工作过程。测试工程师在开发工程师编程过程中,对其生成的函数或类进行单元测试;测试通过后,进行组件集成,实施集成测试;然后模拟终端用户实际业务流程执行系统测试、验收测试。该过程呈线性发展趋势,早期存在的缺陷,可能到最后环节才会发现,测试活动严重滞后于开发活动。

V模型明确标注了测试过程中存在不同的测试类型,标明了开发阶段与测试各阶段的对应关系,适用开发周期较短的小型项目。其优点是阶段清晰,避免缺陷向下流动,但是它不够灵活,若测试中途发生任何改变,则必须更新测试文档以及所需文档,不适合大型复杂项目。在使用瀑布模型开发软件的年代,V模型在测试工作中发挥了重要作用,但随着软件复杂度的不断提升,研发模型不断优化改革,V模型也已逐渐被淘汰。

2. W 模型

W模型是在V模型的基础上演变而来的,一般又称为双V模型,如图1-9所示。在V模型中,研发活动没有完成、无任何输出物时,测试工程师无法开展测试工作,相对而言,测试活动严重滞后。为解决V模型的缺点,W模型增加了软件开发阶段中同步进行验证和确认活动。W模型由两个V模型组成,分别代指测试与开发阶段,明确了测试与开发的并行关系,测试的对象不局限于程序代码,用户需求、软件设计等同样要测试,测试与开发同步进行。

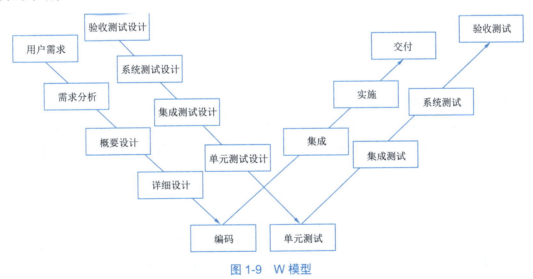

图 1-9 W 模型

从用户需求开始,研发团队根据用户需求进行需求分析、概要设计、详细设计、编码开发等活动,测试团队则根据用户需求进行验收测试、系统测试、集成测试及单元测试设计。测试活动与研发活动并行操作。同时W模型强调了测试活动不仅仅包括研发活动所产生的软件源代码,还考虑各种文档,如需求文档、概要设计文档、详细设计文档等。

W模型解决了V模型开发测试活动串行的问题,但仍然存在测试活动受开发活动的影响,并不能做到真正地分离测试活动与开发活动,需求的变更和调整不够便捷,W模型对软件测试工作人员的要求也更高。

3. X模型

X模型对测试过程模式进行重组，形成"X"，如图1-10所示。V模型的缺点是测试活动滞后于研发活动，无法尽早地开展测试活动，而X模型提出的初衷是解决这一缺点。如图1-10左侧所示，针对单独的程序片段进行独立的编码和测试活动后，不断迭代，集成为可执行程序，再测试这些可执行程序。通过集成测试的成品可以封装提交给系统测试环节或直接给用户，多条并行的曲线表示变更可以在各部分同时发生。

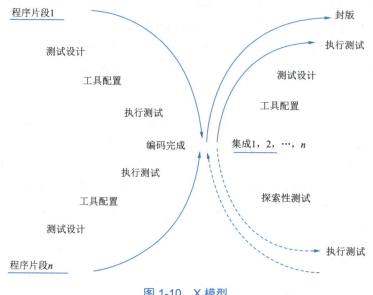

图 1-10　X 模型

X模型提出了探索性测试的概念。探索性测试无须事先制定测试计划，有经验的测试工程师可根据自己对被测对象的理解，发现更多的软件缺陷。但探索性测试通常情况下仅作为其他测试方法的补充，因其消耗测试资源较多，受制于测试工程师的经验，所以不能成为独立的测试方法。

4. H模型

H模型将测试活动与其他研发流程独立，将测试活动分为测试准备活动与测试执行活动两部分，如图1-11所示。测试准备活动包括测试需求分析、测试计划、测试编码和测试验证等，测试执行包括测试运行、测试报告、测试结果分析和回归测试确认等。

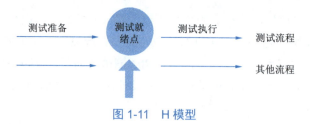

图 1-11　H 模型

H模型揭示了软件测试活动是一个贯穿整个软件生命周期的独立的软件生产流程，测试活动应该尽早准备、尽早执行，当测试准备工作完成后，一旦到达测试就绪点，就可开展测试执行活动，不会受制于研发活动。

5. 敏捷测试模型

为了对应敏捷开发,提出了敏捷测试的概念。敏捷开发的最大特点是高度迭代,有周期性,能够及时、持续地响应需求的频繁变更反馈。敏捷测试即是不断修正被测对象的质量指标,正确建立测试策略,确认客户的有效需求得以圆满实现和确保整个生产过程安全、及时地发布最终产品。

敏捷测试工程师需要关注需求变更、产品设计、源代码设计。通常情况下需要全程参与敏捷开发团队的讨论评审活动,并参与决策制定等。在独立完成测试设计、测试执行、测试分析输出的同时,关注用户、有效沟通,协助敏捷流程推动产品的快速开发。

在传统开发模型下,一个测试版本生成周期可能为几个月,但在敏捷模型中,可能几周,甚至几天一个测试版本。敏捷团队中的测试工程师在技术技能、业务理解、产品设计等方面都需要非常熟练,才能快速高效地完成测试任务。

三、软件测试与软件开发的关系

(一)软件测试与软件开发各阶段的关系

软件开发与软件测试都是软件项目中非常重要的组成部分。软件开发是生产制造软件产品,软件测试是检验软件产品是否合格,两者密切合作才能保证软件产品的质量。软件开发过程是一个自上向下、逐步细化的过程,在开发阶段,使用某种程序语言实现软件设计,随后进入集成、确认及系统测试阶段。而软件的测试过程则是自下而上、逐步集成的过程,低一级测试为上一级测试的准备条件。在软件测试过程中,最先产生的错误可能发现得最晚,例如,需求分析时产生的错误要到验收测试时才能被发现。软件测试与软件开发过程的关系如图1-12所示。

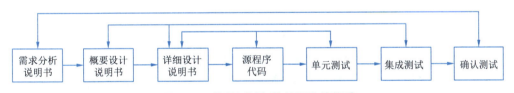

图 1-12 软件测试与软件开发的关系

软件中出现的问题并不一定都是由编码引起的,软件在编码之前都会经过问题定义、需求分析、软件设计等阶段,如果需求不清晰、软件设计有漏洞等,也可导致软件缺陷,而且往往这些缺陷发现得较晚,修改代价非常高昂。因此在软件开发的各个阶段都需要同步进行测试,测试人员越早介入,测试效果越好,成本越低。软件开发是生产制造软件产品,软件测试是检验软件产品是否合格,两者都是软件项目中非常重要的组成部分,开发人员与测试人员密切合作才能保证软件产品的质量。

(二)软件测试与软件开发工作内容的关系

1. 知识体系要求不同

软件开发与软件测试是软件生产过程中非常重要的两个环节。软件开发工程师是构建软件产品的人,需要了解业务背景、客户需求、程序设计语言、数据库、操作系统等知识。软件测试人员对软件开发及软件内部程序设计知识无须特别精通,而需要更多地站在用户的角度思考问题，更多地偏向于应用产品、破坏产品，因此测试工程师需要提高知识的广度。

2. 技术技能要求不同

软件开发工程师需具备程序语言设计能力，如使用Python、C++、Java等主流程序语言设计程序；能够使用常用的集成开发环境，如VS、Eclipse等；熟悉数据库主流数据库如MySQL、SQL Server、Oracle等软件的使用；熟练应用Windows Server、Linux等常见操作系统。软件测试的技能要求相对简单，基本都围绕测试理论、测试流程、测试用例设计方法、缺陷管理知识等理论。如果需要实施自动化或性能测试，还需要掌握Selenium、Appium、JMeter、LoadRunner等常用工具的使用。

3. 问题思维模式不同

软件开发工程师的问题思维模式是创造性的，关注重点是如何构造、如何编写高质量的代码实现用户需求；软件测试工程师的思维模式则是破坏性的，会想方设法从用户的使用角度破坏系统，构建正常、异常输入，发现被测对象表现特性与用户需求的偏离现象。

项目小结

本项目主要介绍了软件测试的基础知识。随着IT行业的发展，我们的生活已经离不开各种各样的软件，大到卫星发射，小到外卖订餐，都需要借助软件来完成。而软件作为一种特殊的产品，其质量保障离不开专业的软件测试人员。

本项目从软件测试的历史开始，向读者介绍了第一类软件测试方法、第二类软件测试方法及软件质量保障的概念，展现了软件测试行业的发展现状及前景，揭示了软件测试团队的架构及成为软件测试工程师所需的基本素质。

软件测试的根本目的是为了发现被测对象与用户需求之间的差异，寻找软件缺陷，修正缺陷并提升用户最终使用体验。本项目介绍了软件缺陷的概念及软件缺陷的属性。

本项目介绍了软件研发模型及软件测试模型，软件研发模型主要有瀑布模型、原型模型、螺旋模型、RUP模型、敏捷模型等。软件测试模型主要有V模型、W模型、H模型、X模型、敏捷模型等。在真实的项目中，往往不是单独使用某一种软件研发模型或软件测试模型，而是根据子项目的情况，灵活使用多种研发及测试模型。

习 题

1. 简述第一类、第二类软件测试方法。
2. 简述软件测试的目的是什么。
3. 简述什么是软件缺陷和软件故障。
4. 简述常见的软件研发模型。
5. 简述软件测试的各种过程模型。
6. 为什么软件测试贯穿于整个软件开发生命周期？
7. 简述软件测试的发展历程和发展趋势。
8. 软件测试人员需要具备哪些基本职业素质？

项目二
软件测试基本概念

项目导读

随着科技的飞速发展,软件无处不在,大到计算机操作系统,小到公交卡计费系统。然而,软件是由开发人员编写的,错误在所难免,软件测试技术就应运而生。对于软件而言,测试是通过人工或者自动的检测方式,检测被测对象是否满足用户要求或弄清楚预期结果与实际结果之间的差异,是为了发现错误而审查软件文档、检查软件数据和执行程序代码的过程。软件测试的目的是尽早找出软件缺陷,从而使软件趋于完美。

项目目标

知识目标
◎ 了解软件生命周期的概念。
◎ 掌握常用的软件测试分类方法。
◎ 了解软件测试的基本流程。
◎ 了解软件测试用例的组成。
◎ 了解软件测试项目的基本特性。
◎ 了解软件测试行业的现状与前景。

技能目标
◎ 能够根据软件项目内容确定软件测试的不同分类。
◎ 能够结合需求分析理解软件测试用例的设计方法。
◎ 能够通过实战练习,制定合适的测试计划方案。

素养目标

◎ 树立健全的法制意识、正确的理想信念与社会主义核心价值观。
◎ 具有解决复杂问题的思维方式。
◎ 养成良好的编码规范。
◎ 提升自主探究能力。
◎ 提升团队协作能力。

课前学习工作页

选择题

1. 下列选项中,(　　)是软件测试的目的。
   A. 实验性运行软件
   B. 发现软件的错误
   C. 证明软件的正确
   D. 找出软件的全部错误

2. 下列选项中说法正确的是(　　)。
   A. 经过测试没有发现错误说明软件正确
   B. 测试的目的是为了证明软件没有错误
   C. 成功的测试是发现了迄今没有发现的错误的测试
   D. 成功的测试是没有发现错误的测试

任务一　认知软件生命周期

任务描述

小张同学发现在学习计算机技术的过程中,有一些软件只是听说过,市面上已经不能使用,而有一些软件每隔一段时间就在更新,不断推出新功能。这些软件的开发一般要经历什么样的过程,如何决定软件的停用与维护成本?本任务先了解软件生命周期的基本概念。

任务实施

一、了解软件的分类

了解软件的分类

小张同学:不同软件的区别是什么呢?

师傅:对于软件大家应该都不陌生,我们每天都会使用各种各样的软件。软件是相对于硬件而言的,它是一系列按照特定顺序组织的计算机数据和指令的集合。但是软件并不只是包括可以在计算机上运行的计算机程序,与这些计算机程序相关的文档一般也被认为是软件的一部分。简单的说,软件就是程序加文档的集合体。软件是个逻辑概念，不能以实体展示，仅能通过运行活动展示其所具有的功能及性能表现。

（一）按照软件的功能分类

按照软件的功能分类，可分为系统软件和应用软件。系统软件为计算机使用提供最基本的功能，但是并不针对某一特定应用领域。应用软件则恰好相反，不同的应用软件根据用户和所服务的领域提供不同的功能。

1. 系统软件

系统软件负责管理计算机系统中各种独立的硬件，使得它们可以协调工作。系统软件使得计算机使用者和其他软件将计算机当作一个整体而不需要顾及底层每个硬件是如何工作的。一般来说，系统软件可分为操作系统和支撑软件，其中，操作系统是最基本的软件。

操作系统是一管理计算机硬件与软件资源的程序，同时也是计算机系统的内核与基石。操作系统身负诸如管理与配置内存、决定系统资源供需的优先次序、控制输入与输出设备、操作网络与管理文件系统等基本事务。操作系统也提供一个让使用者与系统交互的操作接口。

支撑软件是支撑各种软件的开发与维护的软件，又称为软件开发环境（software development enviroment，SDE），主要包括环境数据库、各种接口软件和工具组，如编译器、数据库管理、存储器格式化、文件系统管理、用户身份验证、驱动管理、网络连接等方面的工具。

2. 应用软件

应用软件是为了某种特定的用途而开发的软件。它可以是一个特定的程序，如一个图像浏览器，也可以是一组功能联系紧密，可以互相协作的程序的集合，如微软的Office软件，还可以是一个由众多独立程序组成的庞大的软件系统，如数据库管理系统。

如今智能手机得到了极大的普及，运行在手机上的应用软件简称手机软件，以完善原始系统的不足与个性化。下载手机软件时还要根据手机所安装的系统来选择对应的软件。

（二）按照软件的许可方式分类

不同的软件一般都有对应的软件授权，软件的用户必须在同意所使用软件的许可证的情况下才能够合法使用软件。从另一方面来讲，特定软件的许可条款也不能够与法律相违背。依据许可方式的不同，大致可将软件区分为几类：

1. 专属软件

此类授权通常不允许用户随意复制、研究、修改或散布该软件。违反此类授权通常会有严重的法律责任。传统的商业软件公司会采用此类授权，例如微软的Windows和办公软件。专属软件的源码通常被公司视为私有财产而予以严密保护。

2. 自由软件

此类授权正好与专属软件相反，赋予用户复制、研究、修改和散布该软件的权利，并提供源码供用户自由使用，仅给予些许的其他限制。Linux、Firefox和OpenOffice可做为此类软件的代表。

3. 共享软件

通常可免费取得并使用其试用版，但在功能或使用期间上受到限制。开发者会鼓励用户付费以取得功能完整的商业版本。根据共享软件作者的授权，用户可以从各种渠道免费得到它的副本，也可以自由传播它。

4. 免费软件

可免费取得和转载，但并不提供源码，也无法修改。

5. 公共软件

原作者已放弃权利，著作权过期，或作者已经不可考究的软件。使用上无任何限制。

二、了解软件生命周期

小张同学：什么是软件的生命周期？

师傅：对于软件大家应该都不陌生，我们每天都会使用各种各样的软件。软件和其他产品一样，都有一个从"出生"到"消亡"的过程，这个过程称为软件的生命周期。在软件的生命周期中，软件测试是非常重要的一个环节。

（一）软件生命周期的概念

软件生命周期中的每一个周期都有确定的任务，并产生一定规格的文档（资料），提交给下一个周期作为继续工作的依据。按照软件的生命周期，软件的开发不再只单单强调"编码"，而是概括了软件开发的全过程。

软件生命周期又称为软件生存周期或系统开发生命周期，是软件的产生直到报废的生命周期。软件工程要求每一周期工作的开始只能必须是建立在前一个周期结果"正确"前提上的延续，因此，每一周期都是按"活动—结果—审核—再活动—直至结果正确"循环往复进展的。

（二）软件生命周期的阶段

软件生命周期一般有问题定义、可行性研究、需求分析、概要设计、详细设计、软件编码、软件测试和软件维护等阶段。

1. 问题定义

目前软件研发需求来源主要有两种渠道。一是软件公司主动挖掘市场需求，从而开发出解决大众需求的软件系统。此需求来源所研发的软件一般称为产品，从用户角度而言，需求由软件公司提出，用户被动接受，属于被动模式。另一种则是由用户主动提出需求，由软件公司负责设计开发，一般称为项目，从用户角度而言，需求由用户主动提出来，属于主动模式。

问题定义即定义出本次任务都需要做什么，做成什么样子。比如，买家跟卖家说我要什么样子的衣服，然后双方开始协商，最终达成一致意见。

软件产品开发往往没有明确的需求提出者或者最终客户。需求由软件公司市场人员根据社会用户的需求来确定软件需求。例如，某公司市场人员认为目前做手机游戏利润比较高，则可能发起某项市场调查，看看潜在客户是否有采购意向。这种模式风险较高，用户群不确定，需求通常不够明确，产品开发过程中可能面临着需求频繁变更风险及后期销售不力的情况。产品研发往往是长期的，如腾讯公司的QQ产品，已持续研发了十多年，仍在不断优化改进。

与产品相比，软件项目的研发风险相对小很多。当特定客户因自身需求需要研发某种软件系统时，由软件公司进行设计开发。在这种情况下，对软件公司而言，客户想开发什么就开发什么，需求往往是明确的，并且项目资金也比较充足，项目失败的风险较小。业务系统基本都以项目运作方式，如银行的柜台交易系统、网上银行系统等。

2. 可行性研究

明确了问题之后，软件开发人员需要对整个项目进行全面考虑，对该项目的设计目的、开发条件和期限进行评估，并进行成本效益分析、设计速度安排等。

可行性研究是确定该问题是否存在一个可以解决的方案。这个阶段的任务不是具体解决问题，而是研究问题的范围，探究这个问题是否值得去解决，是否有可行的解决办法。一般来说，可行性研究的结果是客户做出是否继续进行这项工程的决定的重要依据。

3. 需求分析

需求分析其实是在做需求细化，按照任务说明书中的任务内容和指标具体细化各个点，细化到每个框每个按钮的样式、输入输出等各项值。需求分析的目的是深入具体地了解用户的需求，在所开发的系统要做什么这个问题上和用户想法完全一致。无论是产品还是项目，经过初步需求沟通后，正常情况下都会有初步需求分析报告。针对产品，市场人员经过市场调研、分析后输出《××市场分析报告》，阐述产品功能及市场前景等信息，明确目标系统必须做什么，确定目标系统必须具备哪些功能。通常用数据流图、数据字典和简要的算法表示系统的逻辑模型。用规格说明书记录对目标系统的需求。

4. 概要设计

架构师根据需求确定产品或者项目的场景、特点，选择合适的框架，技术项目实现最优化。系统进行概要设计，一般包括系统总体数据结构、数据库结构、模块结构以及它们之间的关系等，要解决应该怎样实现目标系统、设计出实现目标系统的几种可能方案、设计程序的体系结构、确定程序由哪些模块组成以及模块之间的关系等问题。

5. 详细设计

详细设计也称模块设计，在这个阶段将详细地设计每个模块，确定实现模块功能所需的算法和数据结构。在此环节要实现系统的具体工作，编写详细规格说明，开发人员根据概要设计对具体模块进行详细设计，包括接口参数等。最终形成概要设计文档。

6. 软件编码

概要设计、详细设计结束后，按照整体项目实施计划，项目组开发人员根据各自的编码任务及规范完成相关模块、子系统、软件的编码。开发人员根据详细设计文档对系统进行模块化开发，在确定参数和接口的情况下，根据需求对模块内部进行方法级别的设计和编码以及自测，对产品功能进行一一实现；编码占全部开发工作量的10%～20%。

7. 软件测试

当测试版本交付日期达到后，项目组开发人员构建测试版本，以便交与测试团队进行测试。根据前期的测试计划，测试团队执行测试用例测试系统的功能、性能。经过多次版本迭代后，完成系统测试，输出系统测试报告，一般分为集成测试和验收测试。测试占全部开发工作量的40%～50%。

8. 软件维护

通过各种必要的维护活动使系统持久地满足用户的需求，主要分为改正性维护、适应性维护、完善性维护、预防性维护。

一般情况下将软件生命周期划分为制定计划、需求分析、软件设计、程序编写、软件测试和运行维护等几个阶段，并且规定了它们自上而下、相互衔接的固定次序，如同瀑布流水，逐级下落。

任务二 掌握软件测试的分类

掌握软件测试的分类

任务描述

小张同学知道在软件开发过程中要进行测试，不同的阶段有不同的测试方法，掌握软件测试和开发技术的前提是熟练掌握软件测试的分类。

一、了解软件测试的分类依据

软件测试的分类标准有很多，具体如下：

（1）开发阶段。根据开发阶段可以分为单元测试、集成测试、系统测试、验收测试。

（2）测试执行方式。根据测试执行方式可以分为静态测试、动态测试。

（3）是否查看代码。根据是否查看代码，可以分为黑盒测试、白盒测试、灰盒测试。

（4）是否手工执行。根据是否手工执行，可以分为手工测试、自动化测试。

（5）按测试对象划分。按测试对象划分可分为性能测试、安全测试、兼容性测试、文档测试、易用性测试（用户体验测试）、业务测试、界面测试、安装测试等。

（6）测试地域。根据测试地域可分为本地化测试和国际化测试。

二、掌握常见的软件测试分类

小张同学：软件测试的对象是不是要根据项目本身来进行调整？具体有那些不同的测试方法呢？

师傅：对的，首先要知道被测试的项目是软件系统还是应用程序，继而确定它们对应的测试特性，可以从功能、性能、接口、兼容性、用户体验等方面测试，目的就是确保软件系统或应用程序符合用户需求，并且在各种环境下都能正常运行。

（一）功能测试

功能测试就是对产品的各项功能进行验证，根据功能设计测试用例，逐项测试，检查产品是否能够实现用户要求的功能。测试人员按照需求编写出测试用例，测试产品是否能够接收输入的数据，评判是否能够产生对应正确的输出信息且保持正常运行状态，一般是从软件产品的界面、架构、功能入口出发，不考虑整个软件的内部结构及代码是什么样的，只是测试它在不同浏览器、不同操作步骤等情况下产品功能能否正常使用，主要包括以下几种测试方法：

1. 链接测试

链接是Web应用系统的一个主要特征，它是在页面之间切换和指导用户去一些不知道地址的页面的主要手段。链接测试可分为三个方面：首先，测试所有链接是否按指示确实链接到了该链接的页面；其次，测试所链接的页面是否存在；最后，保证Web应用系统上没有孤立的页面（孤立页面是指没有链接指向该页面，只有知道正确的URL地址才能访问）。

链接测试可以自动进行，现在已经有许多工具可以采用。链接测试必须在集成测试阶段完成，也就是说，在整个Web应用系统的所有页面开发完成之后进行链接测试。

2. 表单测试

当用户给Web应用系统管理员提交信息时，就需要使用表单操作，例如用户注册、登录、信息提交等。在这种情况下，我们必须测试提交操作的完整性，以校验提交给服务器的信息的正确性，如用户填写的出生日期与职业是否恰当，填写的所属省份与所在城市是否匹配等。如果使用了默认值，还要检验默认值的正确性。如果表单只能接收指定的某些值，则也要进行测试，如只能接收某些字符，测试时可以跳过这些字符，看系统是否会报错。

在验证时都要考虑有效及无效输入的情况，一般有以下几种：

（1）输入框测试：长度、数据类型、必填、重复、空格、SQL注入以及一些业务相关约束。

（2）下拉框测试：默认值、数据完整性/正确性、第一个/最后一个/中间一个选取、手动输入值模糊匹配、联动选择；业务常见选取的操作。

（3）图片、视频、Excel、txt等文件上传测试：大小、尺寸、格式、数量、文件内容规则验证。

（4）表单提交按钮测试：是否支持回车/单击、快速多次点击是否重复提交表单、网络中断（弱网）提交、提交之后是否有提示、提交后内容是否加密、提交是否做权限校验控制、多人针对表单同时操作的场景测试。

3. Cookies 测试

Cookies提供了一种在Web应用程序中存储用户特定信息的方法，例如存储用户的上次访问时间等信息。假如不进行Cookies存储一个网站的用户行为，那么可能会造成以下问题：用户购买几件商品转到结算页面时，系统怎样知道用户之前订了哪几件商品？Cookies的作用之一就是记录用户操作系统的日志，而系统对Cookies不单单是存储，还有读取，即系统和用户之前是一个交互的过程，这称为有状态。

但是Cookies在带来这些编程方便性的同时，也带来了安全上的问题。Cookies的安全性问题与从客户端获取数据的安全性问题是类似的，可以把Cookies看成是另外一种形式的用户输入，因此很容易被黑客们非法利用这些数据。由于Cookies保存在客户端，而在客户端可以直接看到Cookies中存储的数据，而且可以在浏览器向服务器端发送Cookies之前更改Cookies的数据。因此，对Cookies的测试，尤其是安全性方面的测试非常重要，是Web应用系统测试中的重要方面。

4. 设计语言测试

Web设计语言版本的差异可以引起客户端或服务器端严重的问题。当在分布式环境中开发时，开发人员大都不在一起，这个问题就显得尤为重要。除了HTML的版本问题外，不同的脚本语言，例如Java、JavaScript、ActiveX、VBScript或Perl等，也要进行验证。

在设计Web系统时，使用不同的脚本语言给系统带来的影响也不同，如HTML的不同版本对Web系统的影响就不同。关于设计语言的测试，应该注意以下几个方面：

（1）与浏览器的兼容性。由于不同的浏览器内核引擎不同，导致不同的开发语言与浏览器的兼容情况不同，当前主流浏览器的引擎有Trident、Tasman、Pesto、Gecko、KHTML、WebCore和WebKit。

（2）与平台的兼容性。不同脚本语言与操作系统平台的兼容性也有所不同，测试过程中必须考虑对不同操作系统平台的兼容，即脚本的可移植性。

（3）执行时间。由于不同脚本语言执行的方式不同，所以其执行的时间也不同。

（4）嵌入其他语言的能力。有一些操作脚本语言无法实现，如读取客户端的信息，此时即需要使用其他语言来实现，即测试过程中应该考虑当前脚本语言对其他语言的支持程度。

（5）数据库支持的程度。考虑系统数据库可能升级的问题，测试时需要考虑脚本语言支持数据库的完善程度。

5. 数据库测试

在Web应用技术中，数据库起着重要的作用，数据库为Web应用系统的管理、运行、查询和实现用户对数据存储的请求等提供空间。在Web应用中，最常用的数据库类型是关系型数据库，可以使用SQL对信息进行处理。测试时要考虑测试实际数据（内容）以及数据完整性，以确保数据没有被误用以及规划的正确性，同时也对数据库应用（例如，SQL处理组件）进行功能性测试，通常会用到SQL脚本进行数据库测试。

通常有两类由数据库错误引发的问题：其一是数据完整性错误；其二是输出错误，是指在数据提取和操作数据指令过程中发生的错误引起的，这时源数据是正确的，往往主要是由于网络速度或程序设计问题等引起的。针对这两种情况，可分别进行测试。

（二）性能测试

性能测试是通过自动化的测试工具模拟多种正常、异常的条件来对系统的各项性能指标进行测试。通常我们会使用某些工具或手段来检测软件的某些指标是否达到了要求。

软件的性能是软件的一种非功能特性，它关注的不是软件是否能够完成特定的功能，而是在完成该功能时展示出来的及时性。所以一般来说性能测试介入的时机是在功能测试完成之后。在系统基础功能测试验证完成、系统趋于稳定的情况下，才会进行性能测试，否则性能测试是无意义的。

性能测试包括以下几种测试方法：

1. 连接速度测试

用户连接到Web应用系统的速度根据上网方式的变化而变化。当下载一个程序时，用户可以等较长的时间，但如果仅仅访问一个页面，Web系统响应时间太长，用户就会因没有耐心等待而离开。

另外，有些页面有超时的限制，如果响应速度太慢，用户可能还没来得及浏览内容，就需要重新登录了。连接速度太慢，还可能引起数据丢失，使用户得不到真实的页面。

2. 负载测试

负载测试是为了测量Web系统在某一负载级别上的性能，以保证Web系统在需求范围内能正常工作。负载级别可以是某个时刻同时访问Web系统的用户数量，也可以是在线数据处理的数量。例如：Web应用系统能允许多少个用户同时在线？如果超过了这个数量，会出现什么现象？Web应用系统能否处理大量用户对同一个页面的请求？

负载测试应该安排在Web系统发布以后，在实际的网络环境中进行测试。因为一个企业内部员工，特别是项目组人员总是有限的，而一个Web系统能同时处理的请求数量将远远超出这个限度，所以，只有放在Internet上，接受负载测试，其结果才是正确可信的。

3. 压力测试

进行压力测试是指实际破坏一个Web应用系统，测试系统的反应。压力测试是测试系统的限制和故障恢复能力，也就是测试Web应用系统会不会崩溃、在什么情况下会崩溃。压力测试的区域包括表单、登录和其他信息传输页面等。

（三）接口测试

接口测试是测试系统组件间接口的一种测试方法，测试的重点是检查数据的交换、传递和控制管理过程，以及系统间的相互逻辑依赖关系等。主要分三种情况：第一种是检测外部系统与系统之间的交互点，例如一个App调用了第三方支付宝的API效果；第二种是同层之间的接口，如常见的DAO层、Service层，通过一个接口调用了其他的接口；第三种是各个子系统之间的交互点，例如App客户端调用了服务端的HTTP接口。

（四）兼容性测试

兼容性测试，是指对所设计程序与硬件、软件之间的兼容性测试，分为浏览器兼容测试和分辨率兼容测试两类，包含两种测试方法：

1. 平台测试

市场上有很多不同的操作系统类型，最常见的有Windows、UNIX、Macintosh、Linux等。Web应用系统的最终用户究竟使用哪一种操作系统，取决于用户系统的配置。这样就可能会发生兼容性问题，同一个应用可能在某些操作系统下能正常运行，但在另外的操作系统下可能会运行失败。

因此，在Web系统发布之前，需要在各种操作系统下对Web系统进行兼容性测试。

2. 浏览器测试

浏览器是Web客户端最核心的构件，来自不同厂商的浏览器对Java、JavaScript、ActiveX、

plug-ins或不同的HTML规格有不同的支持。例如，ActiveX是Microsoft的产品，是为Internet Explorer而设计的，JavaScript是Netscape的产品等。另外，框架和层次结构风格在不同的浏览器中也有不同的显示，甚至根本不显示。不同的浏览器对安全性和Java的设置也不一样。

测试浏览器兼容性的一个方法是创建一个兼容性矩阵。在这个矩阵中，测试不同厂商、不同版本的浏览器对某些构件和设置的适应性。

（五）用户体验测试

用户体验测试是指测试人员在将产品交付客户之前从用户角度进行的一系列体验使用，例如，界面是否友好、操作是否流畅、功能是否达到用户使用要求等，包含以下五种测试方法：

1. 导航测试

导航描述了用户在一个页面内或在不同的连接页面之间操作的方式，例如按钮、对话框、列表和窗口等。在测试中可以观察一个Web应用系统是否易于导航、导航是否直观、Web系统的主要部分是否可通过主页存取，以及Web系统是否需要站点地图、搜索引擎或其他的导航帮助等问题。

导航的另一个重要方面是Web应用系统的页面结构、导航、菜单、连接的风格是否一致。确保用户凭直觉就知道Web应用系统里面是否还有内容、内容在什么地方。

Web应用系统的层次一旦决定，就要着手测试用户导航功能，让最终用户参与这种测试，效果将更加明显。

2. 图形测试

在Web应用系统中，适当的图片和动画既能起到广告宣传的作用，又能起到美化页面的功能。一个Web应用系统的图形可以包括图片、动画、边框、颜色、字体、背景、按钮等。图形测试的内容有：

（1）要确保图形是否有明确用途。

（2）验证所有页面字体的风格是否一致。

（3）背景颜色与字体颜色、前景颜色是否搭配。

（4）图片的大小和质量是否合适。

3. 内容测试

内容测试是用来检验Web应用系统提供信息的正确性、准确性和相关性。

信息的正确性是指信息是可靠的还是误传的。例如，在商品价格列表中，错误的价格可能引起财政问题甚至导致法律纠纷。信息的准确性是指是否有语法或拼写错误。这种测试通常使用一些文字处理软件来进行，例如使用Microsoft Word的"拼音与语法检查"功能。信息的相关性是指是否在当前页面可以找到与当前浏览信息相关的信息列表或入口，也就是一般Web站点中的所谓"相关文章列表"。

4. 整体界面测试

整体界面是指整个Web应用系统的页面结构设计，是给用户的一个整体感。例如，当用户浏览Web应用系统时是否感到舒适，是否凭直觉就知道要找的信息在什么地方，整个Web应用系统的设计风格是否一致等问题。

对整体界面的测试过程，其实是一个对最终用户进行调查的过程。一般Web应用系统采取在主页上做一个调查问卷的形式，来得到最终用户的反馈信息。

对所有的可用性测试来说，都需要有外部人员（与Web应用系统开发没有联系或联系很少的人员）的参与，最好是最终用户的参与。

5. 安全测试

验证软件是否只能让授权用户使用。例如银行的ATM机，能不能在不用输密码的情况下进行交易，或者如果输错了三次密码，是否会执行吞卡等相关的安全保障措施。Web应用系统的安全性测试区域主要有：

（1）现在的Web应用系统基本采用先注册、后登录的方式。因此，必须测试有效和无效的用户名和密码，要注意是否大小写敏感、可以试多少次的限制、是否可以不登录而直接浏览某个页面等。

（2）Web应用系统是否有超时的限制，也就是说，用户登录后在一定时间内（例如15 min）没有点击任何页面，是否需要重新登录才能正常使用。

（3）为了保证Web应用系统的安全性，日志文件是至关重要的。需要测试相关信息是否写进了日志文件、是否可追踪。

（4）当使用了安全套接字时，还要测试加密是否正确，检查信息的完整性。

（5）服务器端的脚本常常构成安全漏洞，这些漏洞又常常被黑客利用。所以，还要测试没有经过授权就不能在服务器端放置和编辑脚本的问题。

任务三　认识软件测试流程

任务描述

软件测试就是在软件投入运行前，对软件需求分析、设计规格说明和编码的最终复审，是软件质量保证的关键步骤。Web软件测试是严格遵循一定顺序，有严格的测试流程的，并非普通意义上的随意测试，输出简单的测试结果。

视频

认识软件测试流程

任务实施

小张同学：如何进行软件测试，有没有一定的流程和操作规范呢？

师傅：其实软件测试的过程并不是固定的，它只是一种规范，也可以把它当作一种指导。在真实的产品测试和项目测试中，一定是要灵活运用的，甚至是在不断地根据实际情况变化。为了保证软件的质量和可靠性，应力求在分析、设计等各个开发阶段结束前对软件进行严格技术评审。软件测试的流程一般如下：

一、了解软件测试流程

1. 展开需求评审

在需求评审开始之前，产品经理一般需要将产品需求文档、原型及UI设计图提前发给各个团队，以便预留出熟悉及理解需求的时间。产品部门组织召开需求评审会议，以产品需求文档、原型设计、UI为输出条件，测试团队对需求文档存在异议、需求不完整、不清晰的地方提出问题，相关人员进行解答。

2. 设计测试计划

测试经理和整个项目的开发人员、需求设计人员研究讨论，并对本次测试的交接时间、投入的人力、拟定测试的轮次、各轮次持续的时间、测试的内容和深度进行规模预估，并制定出测试计划。

研发、测试人员需对测试计划初稿进行评审，确认测试的侧重点，确保测试计划的正确性、全面性、可行性。评审后完善测试计划，并形成终稿。

3. 进行测试设计

测试设计阶段主要是完成测试方案，当测试计划和需求规格说明书完成评审后即开始设计测试方案。测试方案主要包括功能、性能或自动化测试的策略，以及测试环境搭建、测试数据准备、测试工具使用、优先级等信息。测试方案的核心是测试策略的设计，为测试用例设计做准备。

4. 编写测试用例

在项目进入实现阶段的同时，测试人员还需要以产品需求规格说明书为依据，根据测试方案中已经梳理的每一个测试点和功能点，运用不同的用例设计方法编写用例，针对不同的测试内容，可能会涉及的用例包括功能测试用例、性能测试用例、接口测试用例和自动化测试用例。

5. 开展测试执行

测试执行阶段是测试人员在整个项目中需要投入最多工作量的阶段，也是最主要、最重要的一个阶段。根据设计的测试用例来执行测试，并使用测试管理工具记录、提交、跟踪测试中发现的缺陷，并配合、督促开发人员复现、定位、修复缺陷，然后验证和关闭缺陷。

二、编写软件测试报告

软件测试和软件开发一样，是一个比较复杂的工作过程，如果无章法可循，随意进行测试，势必会造成测试工作的混乱。为了使测试工作标准化、规范化，并且快速、高效、高质量地完成测试工作，需要制订完整且具体的测试流程。

不同类型的软件产品测试的方式和重点不一样，测试流程也会不一样。同样类型的软件产品，不同的公司所制订的测试流程也会不一样。虽然不同软件的详细测试步骤不同，但它们所遵循的测试流程基本是一样的，如图2-1所示。

在测试结束，往往需要编写一份测试报告，对测试活动进行总结，对项目测试过程进行归纳，对测试数据进行统计，对项目的测

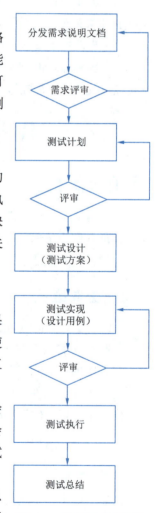

图 2-1 软件测试流程图

试质量进行客观评价，测试报告的数据必须是真实的，每一条结论的得出都要有评价依据，不能是主观臆断。

测试报告一般都是先对软件进行简单介绍，然后说明这份报告是对该产品的测试过程进行总结、对测试质量进行评价。一份完整的测试报告必须包含以下几个要点：

1. 引言

描述测试报告编写目的、报告中出现的专业术语解释及参考资料等。

2. 测试概要

介绍项目背景、测试时间、测试地点及测试人员等信息。

3. 测试内容及执行情况

描述本次测试模块的版本、测试类型、使用的测试用例设计方法及测试通过覆盖率，依据测试的通过情况提供对测试执行过程的评估结论，并给出测试执行活动的改进建议，以供后续测试执行活动借鉴参考。

4. 缺陷统计与分析

统计本次测试所发现的缺陷数目、类型等，分析缺陷产生的原因，给出规避措施等建议，同时还要记录残留缺陷与未解决问题。

5. 测试结论与建议

从需求符合度、功能正确性、性能指标等多个维度对版本质量进行总体评价，给出具体明确的结论。

任务四　设计软件测试用例

任务描述

在测试过程中，我们需要遍历各种可能存在的条件，为了更加全面地覆盖测试，我们通常在测试前需要进行测试用例的设计。需求说明书是进行软件测试的基础，测试需求来源于需求规格，同时也是验收的依据。经过需求分析得出要测试的测试项和测试子项，然后进行测试用例的设计。

视频

掌握软件测试用例

任务实施

小张同学：测试用例是根据项目进行自由设计吗？还是完全按照需求分析进行验证？怎么系统且全面地进行用例设计呢？

师傅：测试用例是为某个特定目的而设计的一组测试输入、执行条件以及预期结果的集合。简单地说，测试用例就是一个文档，描述输入、动作或者时间，以及一个期望的结果，其目的是确认应用程序的某些特性是否正常工作，并且达到程序所设计的结果。如果执行测试用例，软件不能正常运行，而且问题重复发生，那就表示已经测试出软件有缺陷，这时就必须将软件缺陷标识出来，并且输入缺陷跟踪系统中，通知软件开发人员。软件开发人员接到通知后，修正问题，再次返回给测试人员进行确认，以确保该问题已顺利解决。

一、测试用例的作用

测试用例贯穿于整个软件测试全过程，每一个测试用例都要经过"设计—评审—修改—执行—版本管理—发布—维护"等一系列阶段，其作用主要体现在以下几个方面：

1. 指导测试的实施

在开始实施测试之前设计好测试用例，可以避免盲目测试，使测试的实施做到重点突出。实施测试时，测试人员必须严格按照测试用例规定的测试思想和测试步骤逐一进行测试，记录并检查每个测试结果。

2. 指导测试数据的规划

测试实施时，按照测试用例配套准备一组或若干组测试原始数据及预期测试结果是十分必要的。

3. 指导测试脚本的编写

自动化测试可以提高测试效率，其中心任务是编写测试脚本，自动化测试所使用的测试脚本编写的依据就是测试用例。

4. 作为评判的基准

测试工作完成后需要评估并进行定论，判断软件是否合格，然后出具测试报告。测试工作的评判基准是以测试用例为依据的。

5. 作为分析缺陷的基准

测试的目的就是发现Bug，测试结束后对得到的Bug进行复查，然后和测试用例进行对比，看看这个Bug是一直没有检测到还是在其他地方重复出现过。如果是一直没有检测到的，说明测试用例不够完善，应该及时补充相应的用例；如果重复出现过，则说明实施测试还存在一些问题需要处理，最终目的是交付一个高质量的软件产品。

二、测试用例设计的基本原则

设计测试用例是根据实际需要进行的，设计测试用例所需要的文档资源主要包括软件需求说明书、软件设计说明书、软件测试需求说明书和成熟的测试用例。

设计测试用例时应遵循以下一些基本原则：

1. 正确性

测试用例的正确性包括数据的正确性和操作的正确性，首先保证测试用例的数据正确，其次预期的输出结果应该与测试数据发生的业务相吻合，操作的预期结果应该与程序输出结果相吻合。

2. 代表性

测试用例应能够代表并覆盖各种合理的和不合理的、合法的和非法的、边界的和越界的以及极限的输入数据、操作和环境设计等。一般针对每个核心的输入条件，其数据大致可以分为三类——正常数据、边界数据和错误数据，测试数据就是从以上三类中产生，以提高测试用例的代表性。

3. 可复用性

功能模块的通用化和复用化使软件易于开发，而良好的测试用例具有重发的性能，使测试过程事半功倍，并随着测试用例的不断精化，测试效率也不断提高。

4. 可评估性

测试用例的通过率是检验程序代码质量的保证，也就是说，程序代码质量的量化标准应该用测试用例的通过率和测试出软件缺陷的数目来进行评估。

5. 可管理性

测试用例是测试人员在测试过程中的重要参考依据，也可以作为检验测试进度、测试工作量以及测试人员工作效率的因素，可方便对测试工作进行有效管理。

三、测试用例的格式

1. 用例编号

测试用例编号用来唯一识别测试用例，具有易识别性、易维护性。用户根据该编号，很容易识别该用例的目的及作用。

2. 测试项

测试项即是测试用例对应的功能模块。往往一个测试项可能包含若干个测试子项或测试用例，因此测试项可更进一步细化定义到测试子项级别，更便于识别测试用例所属模块及维护用例。

3. 测试标题

测试标题用来概括描述测试用例的关注点，原则上标题不允许重复，每一条用例对应一个测试目的。

4. 用例属性

用例属性描述该用例的功能用途，如功能用例、性能用例、可靠性用例、安全性用例、兼容性用例等。

5. 重要级别

一般划分优先级来体现用例的重要级别，并决定执行的先后顺序。重要级别一般有高、中、低三个级别，级别可继承于需求优先级。

6. 预置条件

预置条件是执行该用例的先决条件，如果不满足不能执行该用例。

7. 测试输入

测试执行时往往需要输入一些外部数据、文件、记录驱动。

8. 操作步骤

根据需求说明书的功能需求，设计测试用例操作步骤。操作步骤阐述执行人员执行测试用例时应遵循的输入操作动作。编写操作步骤时，需明确给出每一个步骤的详细描述。

9. 预期结果

一般根据说明书的要求，进行设计用例执行输出会出现我们预期的结果。

10. 实际输出结果

用例设计时此项为空白，测试用例执行后，如果被测对象实际功能、性能或其他质量特性表现与预期结果相同，被测对象正确实现了用户期望的结果，则测试通过，此处留白，否则需将实际结果填写，提交一个缺陷报告。

四、设计测试用例的方法

1. 功能测试常用的方法

（1）等价划分法：在所有的测试数据中，具有某种共同特征的数据子集。

（2）边界划分法：选取正好等于、刚刚好大于或刚刚小于边界值作为测试数据。

（3）判定表法：是指考虑输入条件的组合生成测试用例。

（4）因果图法：基于判定表法。

（5）状态迁移法：分析出状态节点，找出路径，转化为用例。

（6）场景法：软件几乎都是用事件触发来控制流程的，事件触发时的情景便形成了场景，而同一事件不同的触发顺序和处理结果就形成事件流。场景法就是通过用例场景描述业务操作流程，从用例开始到结束遍历应用流程上所有基本流（基本事件）和备选流（分支事件）。

（7）正交实验法。从大量的实验数据中选取适量的、具有代表性的点（例）来进行试验。

（8）错误推测法。一般是通过有经验的测试工程的直觉。

2. 白盒测试常用的方法

（1）语句覆盖：设计用例，使程序中每一条语句至少被执行一次。

（2）判定覆盖（分支覆盖）：程序中的每一个分支至少执行一次。

（3）条件覆盖：判定中每个条件至少有一次取真值、有一次取假值。

（4）判定条件覆盖：同时满足100%判定覆盖和100%条件覆盖标准，每个判定真假值和条件真假值至少出现一次。

（5）条件组合覆盖：测试程序中的每个判定中条件结果的所有可能组合至少执行一次。

（6）路径覆盖：覆盖程序中所有可能的路径。

任务五　理解软件测试原则

任务描述

我们在执行测试工作时必须要遵守一些规则。在测试的时候要围绕需求分析，依据一定的原则进行设计，只有这样，测试时才能更加清楚地知道系统该怎么样运行，才能更好地设计测试用例，才能更好地测试。

任务实施

小张同学：测试原则在软件测试中重要吗？

师傅：测试原则在测试过程中是最重要的，方法都应该在原则指导下进行。软件测试的基本原则是站在用户的角度，对产品进行全面测试，尽早、尽可能多地发现Bug，并负责跟踪和分析产品中的问题，对不足之处提出质疑和改进意见。软件零缺陷是一种理念，足够好是测试的基本原则。为了达到这个足够好，在软件测试过程中，应注意和遵循的一些基本原则，可以概括为以下几项。

1. 所有的测试都应基于用户需求

所有的测试标准应建立在满足客户需求的基础上。从用户角度来看，最严重的错误是那些导致程序无法满足需求的错误，应依照用户的需求配置环境并且依照用户使用习惯进行测试并评价结果。假如系统不能完成客户的需求和期望，那么，这个系统的研发是失败的，这时在系统中发现和修改缺陷也就没有任何意义。

在开发过程中，用户早期介入和接触原型系统，就是为了避免这类问题而采取的预防性措施。有时候，可能产品的测试结果非常完美，可最终客户并不买账。因为，这个开发角度完美的产品可能并不是客户真正想要的产品。

2. 测试用例应当包括合理的和不合理的输入条件

测试的时候需要证明软件正确，表明软件做了其应该做的，这只是软件测试的目标之一，另一个目标是找出软件中的错误，证明软件没有做其不应该做的。

3. 理解穷举测试是不可能的

在测试中不可能运行路径的每一种组合，但是可以充分覆盖程序逻辑，包括业务逻辑、数据流程逻辑等，确保程序设计中使用的所有条件是有可能的。我们需要把数量巨大的可能测试减少到可以控制的范围，并且针对风险做出明智的选择，筛选出哪些是重要的需要测试的内容，哪些是不重要的内容。

4. 缺陷发现越早，解决的代价就越小

软件项目一启动，软件测试也即开始。由于软件的复杂性和抽象性，在软件生命周期各阶段都可能产生错误，所以不应把软件测试仅仅看作是软件开发的一个独立阶段，而应当把它贯穿到软件开发的各个阶段去。

在需求分析和设计阶段就应开始进行测试工作，编写相应的测试计划及测试设计文档，同时坚持在开发各阶段进行技术评审和验证，这样才能尽早发现和预防错误，杜绝某些缺陷和错误，提高软件质量。尽早开展测试准备工作使测试人员能够在早期了解到测试的难度，预测测试的风险，有利于制定出完善的计划和方案，提高软件测试及开发的效率，规避测试中存在的风险。

测试工作进行得越早，越有利于提高软件的质量。从软件的设计到软件开发再到软件测试和修复缺陷阶段，软件设计的成本是成比例上升的，大约是1∶10∶100∶1 000。

5. 警惕测试的杀虫剂怪事

一般来说，针对软件做的测试越多，其对测试的免疫力越强。这与农药杀虫是一样的道理，经常用一种农药，害虫最后可能会产生抵抗力，农药再也发挥不了效力。

测试人员对同一软件进行的测试次数越多，发现的缺陷就会越来越少。为克服这种现象，测试用例需要经常评审和修改，不断增加新的、不同的测试用例来测试软件或系统的不同部分，保证测试用例永远是最新的，即包含着最后一次程序代码或说明文档的更新信息。这样软件中未被测试过的部分或者先前没有被使用过的输入组合就会重新执行，从而发现更多的缺陷。同时，作为专业的测试人员，要具有探索性思维和逆向思维，而不仅仅是做输出与期望结果的比较。

6. 测试能证明软件中有错误，但不能证明软件没有错误

世界上没有一件事是完美的，软件也是一样。每个软件都会或多或少地出现小Bug，测试人员的任务在于提前发现问题，保证客户使用过程中避免出现类似的问题。软件测试能够发现软件潜在的缺陷，但并不是说，只要通过了软件测试的软件，就不再存在任何缺陷。

7. 充分注意测试中的缺陷群集现象

软件测试会有一个80/20原则，就是80%的缺陷发生在20%的模块中。一般来说，一段程序中已发现的错误数越多，其中存在的错误概率也就越大。错误集中发生的现象，可能和程序员的编程水平和习惯有很大的关系。因此，对发现错误较多的程序段，应进行更深入的测试。

8. 软件测试必须要有预期结果

如果软件测试没有预期结果，那么就没有判定的标准，所以我们在测试过程中必须要有一个预期结果，来保证我们测试的有效性。

只有建立了质量标准，才能根据测试的结果对产品的质量进行分析和评估。同样，测试用例应该确定期望输出结果。如果无法确定测试期望结果，则无法进行检验，必须用预先精确对应的输入数据和输出结果来对照检查当前的输出结果是否正确，做到有的放矢。系统的质量特征不仅仅是功能性要求，还包括了很多其他方面的要求，比如稳定性、可用性、兼容性等。

9. 避免测试自己的软件

由于心理因素影响或者程序员本身错误理解需求和规范，可能会导致程序中存在错误，一般来说，应避免程序员或者编写软件的组织测试自己的软件，应有专门的测试人员进行测试，最好还有真实用户参与。

10. 注意保留测试设计和说明文档，并注意测试设计的可重用性

在软件测试的全过程中，需要做到妥善保存测试计划、测试用例、出错统计和最终分析报告，为后期的维护提供尽可能的方便。

项目小结

本项目主要介绍了软件测试的基本概念，软件测试就是在软件投入运行前，对软件需求分析、设计规格说明和编码的最终复审，是软件质量保证的关键步骤。软

件测试是为了发现错误而执行程序的过程。在计算机软件或程序中可能存在某种破坏正常运行能力的问题、错误,或者隐藏的功能缺陷,软件测试就是根据软件开发各阶段的规格说明和程序的内部结构而精心设计一批测试用例(即输入一些数据而得到其预期的结果),并利用这些测试用例去运行程序,以发现程序错误的过程。

习 题

1. 简述软件测试的流程。
2. 简述测试用例的设计方法。
3. 简述软件测试的原则。

项目三
黑盒测试

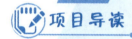 项目导读

黑盒测试是指在测试过程中,把程序看作一个黑盒子并且不能打开查看盒子的内部结构,也就是说在完全不考虑程序内部结构和内部特性的前提下,通过程序接口进行测试,它只检查程序功能是否能按照需求规格说明书中的规定正常使用,程序是否能通过接收输入的数据而产生正确的输出信息。黑盒测试中最常用的方法有等价类划分法、边界值分析法、因果图设计法、决策表设计法、正交实验设计法、状态迁移设计法、场景分析法和错误推测法等,本项目将针对以上测试方法进行详细的讲解。

项目目标

知识目标

◎ 理解并掌握等价类划分法。

◎ 理解并掌握边界值划分法。

◎ 理解并掌握因果图设计法。

◎ 理解并掌握决策表设计法。

◎ 理解并掌握正交实验设计法。

◎ 理解并掌握状态迁移设计法。

◎ 了解场景设计法。

◎ 了解错误推测法。

技能目标

◎ 通过学习，加强对黑盒测试中各种测试方法的认识。

◎ 通过实战练习，提升运用黑盒测试方法进行软件测试的能力。

素养目标

◎ 运用黑盒测试方法对软件进行测试，培养学生发现问题的能力。

◎ 通过不断检测、探究和反思，培养学生精益求精的工匠精神。

课前学习工作页

选择题

1. 软件测试中的黑盒测试方法是根据程序的（　　）来设计测试用例的。

    A. 应用范围

    B. 内部逻辑

    C. 功能

    D. 输入数据

2. 下列选项中不属于黑盒测试特点的是（　　）。

    A. 黑盒测试与软件具体实现无关

    B. 黑盒测试可用于软件测试的各个阶段

    C. 黑盒测试可以检查出程序外部结构的错误

    D. 黑盒测试用例设计可与软件实现同步进行

3. 在黑盒测试中，着重检查输入条件组合的方法是（　　）。

    A. 等价类划分法

    B. 边界值分析法

    C. 错误推测法

    D. 因果图法

任务一　使用等价类划分法设计测试用例

任务描述

小张同学发现在实际软件测试场景中，虽然穷举法的完全覆盖、完全组合是保证被测对象测试充分性的最有效方法，但这种思路不可取也不建议使用。实践中，软件项目实施受范围、风险、时间、成本等多个因素的影响和限制。因此，采用一种高度归纳概括的测试用例设计方法将会极大减少穷举法带来的大量测试用例，既能保证测试效果，还能提高测试效率。等价类划分法正是这样一种很常用的黑盒测试用例设计方法，该方法根据用户提供的需求规格说明书，仔细分析用户需求，并利用等价类归纳法设计测试用例。本任务将用等价类划分法来设计测试用例。

相关知识

视频
使用等价类划分法设计测试用例

一、等价类划分概述

等价类指的是某类事物具有相同的属性或特性，在这个集合中个体之间由于外部输入引起的响应基本一致。一个程序可以有多个输入，等价类划分是将这些多个输入按照输入要求进行划分，将它们划分为多个子集，这些子集被称为等价类，在每个等价类中选取具有代表性的数据来设计测试用例。

二、等价类的种类

等价类可分为两种：有效等价类和无效等价类。有效等价类是有效值的集合，对程序要求来说是合理且有意义的输入数据。无效等价类是无效值的集合，对程序要求来说是不合理且无意义的输入数据。

软件系统在应用过程中，能接收正确的输入或操作，也能针对错误的输入或无效的操作给出正确响应，设计测试用例时既需要考虑有效等价类，也需要考虑无效等价类。

三、等价类划分原则

等价类划分的时候需要遵守以下几个原则：

（1）如果需求规格说明书中确定了取值范围或者取值个数时，可以将输入数据划分为一个有效等价类和两个无效等价类。那么有效取值范围内的输入数据集合称为有效等价类，无效取值范围内的输入数据集合称为无效等价类。例如，某系统要求用户密码字符长度在6～8位，则用户密码长度在6～8位时有效，而无效等价类可划分为两个，分别是1～5和大于8位的用户密码长度。

（2）如果需求规格说明书中限定了输入值的集合或者限定了必须按照某个规则输入时，那么可以划分一个有效等价类和一个无效等价类。例如，某系统要求用户密码必须由数字组成，则数字构成是有效等价类，非数字构成则是无效等价类。

（3）如果输入条件是一个布尔值（也就是只能取真假值），那么可以划分一个有效等价类和一个无效等价类。例如，某电影售票系统要求：如果登录用户是学生账号，则在订单结算时可自动享受八折优惠，非学生账号不打折。学生账号即是有效等价类，非学生账号属于无效等价类。

（4）如果需求规格说明书中要求输入数据是一组值，且程序要对每个输入值单独处理，那么可以划分若干有效等价类和一个无效等价类。例如，某电子商务系统中的会员管理，会员有普通会员、铜牌会员、银牌会员、金牌会员等，不同级别会员的优惠政策、积分规则不同，所以设计测试用例时可划为若干等价类分别处理。

（5）如果需求规格说明书中要求输入数据必须遵守某些规则，那么可划分一个符合规则的有效等价类和若干个不合理的无效等价类。

如果在某个等价类中，各个输入数据在程序中的处理方式都不相同，那么应将该等价类再进一步划分为更小的等价类。比如，上述例子中的由非数字构成无效等价类，可继续划分为特殊字符、字母或汉字等无效等价类。

在同一个等价类中,数据检测程序缺陷的能力是相同的,如果使用等价类中的其中一个数据检测不出缺陷,那么使用等价类中的其他数据也检测不出缺陷,同样,如果等价类中的其中一个数据能检测出缺陷,那么该等价类中的其他数据也能检测出缺陷,即等价类中的所有输入数据都是等效的。

正确地划分等价类可以极大降低测试用例的数量,测试结果也会更有效准确。划分等价类时既要考虑有效等价类,还要考虑无效等价类,对于等价类要仔细分析、划分,过于简单的划分可能会忽略部分软件缺陷,如果误将两个不同的等价类划分为一个等价类,那么会出现测试遗漏的情况。例如,某程序要求输入值的范围在是[1,100]之间的整数,如果输入了一个测试用例数据为0.6,那么在测试中很可能只检验出非整数问题,而检验不出取值范围问题。

四、设计测试用例

划分好等价类之后,还需要构建等价类表,一一列出所有划分出的等价类,以此来设计测试用例,设计测试用例一般步骤如下:

第一步:给每个有效等价类或无效等价类编号,且编号唯一,有效等价类和无效等价类分别统一编号。

第二步:设计一个新的测试用例,并让它最大范围地覆盖所有未被覆盖的有效等价类,直到所有有效等价类被完全覆盖,互斥条件的有效等价类需要单独覆盖。

第三步:设计一个新的测试用例,并让它只覆盖一个无效等价类,直到所有无效等价类被完全覆盖。

在设计有效用例时,要注意有效等价类之间的互斥性,在未充分理解需求时,千万不能将所有有效等价类设计为一条测试用例,否则将会出现业务规则错误,会使测试覆盖率降低,甚至测试遗漏。

等价类划分法可用于功能测试、性能测试、兼容性测试和安全性测试等方面。一般要求有输入的被测对象都可以采用等价类划分法,但等价类划分法是以效率换取效果的,考虑得越仔细,设计的测试用例可能就越多,同时,输入与输入之间的约束考虑过少,可能会导致一些逻辑错误,不同的思考角度可能会导致测试用例设计角度不同,产生的测试用例数量也不同。在实际过程中,需要依据测试的投入确定测试风险及优先级,从而保证该方法的使用效果。

任务实施

某教学诊断与改进平台注册账号如图3-1所示,要求用户名由6~18个字符构成,包括字母、数字、下画线,且用户名以字母开头,以字母或数字结尾,不区分大小写。密码及确认密码带星号标识则为必填项,这里假设要求密码不能为空,确认密码需与密码一致。

图 3-1 教学诊断与改进平台

小张同学：上述平台如何使用等价类划分法设计测试用例呢？

师傅：首先根据上述需求进行等价类划分，可从被测字段的长度要求、组成要求、格式要求等几个方面考虑有效等价类及无效等价类的划分，经过详细划分后的等价类划分法测试用例设计表见表3-1。

表 3-1 等价类划分法测试用例设计表

测试项	测试点	需求规格	有效等价类	编号	无效等价类	编号
用户名	长度需求	6～18位	[6,18]	a01	空	b01
					[1,6)	b02
					>18	b03
	组成需求	字母、数字、下画线	字母	a02	特殊符号	b04
			字母+数字+下画线	a03	汉字	b05
	格式需求	以字母开头	以字母开头	a04	以数字开头	b06
					以下画线开头	b07
		以字母或数字结尾	以字母结尾	a05	以下画线结尾	b08
			以数字结尾	a06		
密码	非空要求	不能为空	非空	a07	空	b09
确认密码	一致性要求	与密码一致	一致	a08	不一致	b10

采用等价类划分法的三条原则，可抽取有效测试用例如下：

- a01 a02 a04 a05 a07 a08。
- a01 a03 a04 a05 a07 a08。
- a01 a03 a04 a06 a07 a08。

无效测试用例如下：

- b01。
- b02。
- b03。
- b04。
- b05。

从等价类用例设计表提取测试用例时需要注意条件之间的互斥关系。例如，以字母结尾和数字结尾不可能同时出现，也就是a05a06的组合情况不可能出现。考虑每一个条件时，仅仅考虑自身条件，而不能将若干条件一起考虑，否则就会出现错乱。例如，上述案例中的组成需求和格式需求，分别考虑各自的有效等价类和无效等价类即可。详细划分后的等价类有效测试用例见表3-2。

表3-2 等价类有效测试用例示例

用例编号	XXXXXX-XT-用户注册-001
测试项	用户注册账号功能测试
测试标题	验证用户注册信息功能实现情况
用例属性	功能测试
重要级别	高
预置条件	无
测试输入	用户名 wangwu，密码 wangwu123456，确认密码 wangwu123456
操作步骤	在注册页面输入测试数据；单击"提交注册"按钮
预期结果	系统页面显示 wangwu 注册成功，3 s 后成功跳转到 wangwu 个人信息配置页面
实际结果	

任务二　使用边界值分析法设计测试用例

任务描述

在测试工作中，小张同学发现验证程序功能错误的输入值往往出现在边界值的处理上。例如，某程序的输入数据要求取值范围为（1，100），当取值在1~100内部时没有什么问题，但取边界值1或者100时就会出现错误，这就是程序开发时没有考虑好边界值的问题。边界值分析法就是针对边界值进行测试的一种方法，本任务将使用边界值分析法来设计测试用例。

视频●
使用边界值分析法设计测试用例

相关知识

一、边界值分析法概述

边界值分析法是对软件的输入或输出范围的边界进行检测的方法，这种方法一般会作为等价类划分法的一种补充测试。长期的测试工作经验告诉我们，很多的错误往往发生在输入或输出范围的边界上，而不是发生在输入输出范围的内部。因此针对各种边界情况设计测试用例，可以检测出更多的错误。

在等价类划分法中，输入和输出等价类往往都会存在多个边界，而边界值分析法就是在这些边界附近去选取某些点作为测试数据，而不是在等价类内部选取测试数据。

边界值分析法的理论依据是假设大多数的错误是发生在各种输入条件的边界上，如果在边界附近的取值不会导致程序出错，那么其他的取值导致程序错误的可能性也很小。

二、边界点定义

边界点分为上点、内点、离点。

（1）上点：指的是输入域边界上的点。如果输入域的边界是封闭的，那么上点在域范围内；如果输入域的边界是开放的，那么上点在域范围外。

（2）离点：指的是距离上点最近的一个点。如果输入域的边界是封闭的，那么离点在域范围外，如果输入域的边界是开放的，那么离点在域范围内。

（3）内点：指的是在输入域范围内的任意一个点。

经验表明，程序对于边界值的处理往往会存在很多问题，对于不同区间边界值一般选择2个上点、2个离点、1个内点，如图3-2所示。

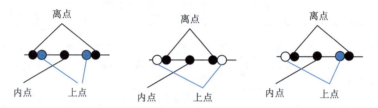

图 3-2　不同区间边界点的选择

三、边界值分析法的原则

边界值分析法有如下几个原则：

（1）如果输入（输出）条件确定了取值范围，或者确定了取值的个数，那么应该以该范围的边界内和边界附近的值作为测试用例。

（2）如果输入（输出）条件确定了取值的个数，则可以分别取最大个数、最小个数、比最小个数少一个数、比最大个数多一个数作为测试数据。

（3）如果程序规格需求说明书中规定输入和输出是一个有序的集合，可以选取有序集合的第一个元素和最后一个元素作为测试用例。

（4）如果程序中使用了一个内部数据结构，则应当选择这个内部数据结构边界上的元素作为测试用例。

四、使用边界值分析法设计测试用例的步骤

边界值分析法用例的设计有如下几个步骤：

（1）分析输入参数的类型：从需求规格说明书中分析得到输入参数类型。

（2）等价类划分（可选）：对于输入要求根据等价类划分方法进行等价类的划分。

（3）确定边界：运用输入域测试分析方法确定输入域范围的边界（上点、离点和内点）。

（4）相关性分析（可选）：如果存在多个输入域，则需要运用因果图、判定表方法对这些输入域边界值的组合情况进一步分析。

（5）形成测试项：选择输入域中的上点、离点和内点或者这些点的组合构建测试项。

在等价类划分法中选择边界值时，如果输入条件要求了取值范围或者值的个数，则在选取边界值时可选取5个测试值或者7个测试值。选取方式如下：

（1）选取5个值：最小值、稍大于最小值、正常值、稍小于最大值、最大值。

（2）选取7个值：稍小于最小值、最小值、稍大于最小值、正常值、稍小于最大值、最大值、稍大于最大值。

比如，输入条件要求取值范围为[1，50]，选取5个值和选取7个值的情况见表3-3。

表3-3 [1，50]边界值选取

选取方案	选取数据					
选取5个值	1	1.1	25	49.9	50	
选取7个值	0.9	1	1.1	25	49.9	50	50.1

任务实施

小张同学：图3-1的用户账号注册示例如何使用边界值划分法设计测试用例呢？

师傅：该示例使用边界值划分法设计用例见表3-4。

表3-4 边界值划分法用例设计表

测试项	测试点	需求规格	有效等价类	测试数据	编号	无效等价类	测试数据	编号
用户名	长度需求	6～18位	[6,18]	6	a01	空		b01
				18	a02	[1,6)	5	b02
				10	a03	>18	19	b03
	组成需求	字母、数字、下画线	字母		a04	特殊符号		b04
			字母+数字+下画线		a05	汉字		b05
	格式需求	以字母开头	以字母开头		a06	以数字开头		b06
						以下画线开头		b07
		以字母或数字结尾	以字母结尾		a07	以下画线结尾		b08
			以数字结尾		a08			
密码	非空要求	不能为空	非空		a09	空		b09
确认密码	一致性要求	与密码一致	一致		a10	不一致		b10

在表3-4中，对于用户名长度限制的6～18位，选择了两个上点为6和18，在之前的等价类划分法中，在构造测试用例时仅考虑了内点选择。在无效等价类[1，6）以及>18中，选择更具针对性的测试数据内点5和离点19。其他的用例设计提取与等价类方法类似，详见等价类划分法中的设计。

任务三　使用因果图设计法设计测试用例

任务描述

小张同学发现等价类划分法与边界值分析法主要侧重于输入条件，但没有考虑这些输入条件之间的关系，比如组合、约束等。如果程序输入之间有作用关系，等价类划分法与边界值分析法很难描述这些输入之间的作用关系，无法保证测试效果。因此，需要引入一种新的测试方法来处理多个输入之间的制约关系，这就是因果图法。本任务将使用因果图法来设计测试用例。

相关知识

使用因果图设计法设计测试用例

一、因果图设计法概述

因果图又称鱼骨图，是由日本的石川馨发展出来的，故又名石川图。在软件测试用例设计过程中，用来描述被测对象输入与输入、输入与输出之间的约束关系。

因果图的绘制过程，可以理解为用例设计人员针对因果关系业务的建模过程。根据软件需求规格说明书要求来绘制因果图，然后得到判定表进行用例设计，通常理解因果图为判定表的前置过程，当被测对象因果关系较为简单时，可直接使用判定表设计测试用例，否则可以使用因果图与判定表相结合的方法设计测试用例。

二、因果图逻辑关系

因果图除了需要处理输入与输入之间的作用关系，还需要考虑输出情况，因此它包含了复杂的逻辑关系，通常采用图示来表示这些复杂的逻辑关系，这些图示称为因果图。

因果图中采用一些简单的逻辑符号和直线将程序的因（输入）与果（输出）连接起来，一般原因用c_i表示，结果用e_i表示，c_i与e_i取值可以是"0"或"1"（状态不出现用"0"来表示，状态出现用"1"来表示）。c_i与e_i之间有恒等、非（~）、或（∨）、与（∧）四种关系，如图3-3所示。

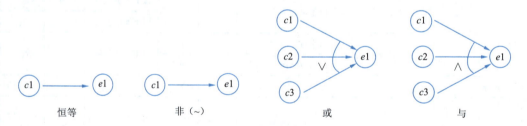

图3-3　因果图

因果图的四种关系，每种关系的具体含义如下：

（1）恒等：在恒等关系中，要求程序分别有一个输入和输出，并且输出与输入保持一致。也就是如果c_1是1，那么e_1也是1，如果c_1是0，那么e_1也是0。

（2）非：非采用"~"符号来表示，在这种关系中，要求程序分别有一个输入和输出，输出是输入的取反。也就是如果c_1是1，那么e_1是0，如果c_1是0，那么e_1是1。

（3）或：或采用"∨"符号来表示，或关系可以有任意个输入，只要这些输入中有一个是1，则输出是1，否则输出是0。

（4）与：与采用"∧"符号来表示，与关系也可以有任意个输入，但只有这些输入全部是1时，输出才能是1，否则输出是0。

在软件测试中，如果程序有多个输入，那么除了输入与输出之间的作用关系之外，这些输入之间一般也会存在一些依赖关系，有些输入条件本身不能同时存在，某一种输入可能会影响其他输入。比如，某个学生信息管理系统软件，在输入个人信息时，性别只能输入男或女，这两种输入不可能同时存在，而且如果输入性别为女，那么有些项目就会受到限制。这些依赖关系在软件测试中称为"约束"，约束的类别可分为四种：E（exclusive，异）、I（at least one，或）、O（one and only one，唯一）、R（requires，要求），在因果图中，用特定的符号表明这些约束关系，如图3-4所示。

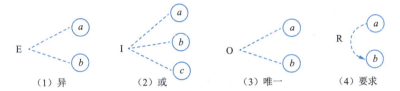

图 3-4 多个输入之间的约束符号

图3-4用不同的符号展现了多个输入之间的约束关系，这些约束关系的含义具体如下：
- E（异）：a和b中最多只能有一个是1，即a和b不能同时是1。
- I（或）：a、b和c中至少有一个必须是1，即a、b、c不能同时是0。
- O（唯一）：a和b有且仅有一个是1。
- R（要求）：a和b必须保持一致，即a是1时，b也必须是1，a是0时，b也必须是0。

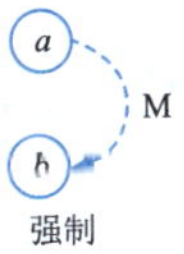

除了输入条件，输出条件也会存在相互约束，输出条件的约束只有一种M（mask，强制），也就是强制约束关系，如图3-5所示。

图 3-5 输出条件之间的强制约束关系

三、因果图设计测试用例的步骤

因果图设计测试用例有如下几个步骤：

（1）通过分析程序需求规格说明书内容，确定程序的输入和输出，即确定"原因"和"结果"。

（2）通过分析得出输入与输入之间以及输入与输出之间的对应关系，将这些对应关系采用因果图表示出来。

（3）由于语法或者环境的限制，有些输入与输入之间的组合情况、输入与输出之间的组合情况是不可能存在的，对于这种情况，采用符号标记它们之间的限制或约束关系。

（4）将因果图转换为决策表。

（5）根据决策表设计测试用例。

任务实施

某教学诊断与改进平台规格说明书中学生信息填写要求：学生性别必须是男或女，学生年龄必须是数字，在此情况下进行下一步，但如果学生性别填写不正确，则给出提示信息L；如果学生年龄不是数字，则给出提示信息M。

小张同学：上述示例如何使用因果图设计法设计测试用例呢？

师傅：首先根据题目分析，确定"原因"、"结果"、中间状态和约束条件，并进行编号处理，见表3-5。

表 3-5 输入输出关系编号

原 因	结 果	中间状态	约束条件
1—性别是男	21—进行下一步	11—性别输入正确	1、2 互斥
2—性别是女	22—给出信息 L		
3—年龄是数字	23—给出信息 M		

然后通过分析输入与输入之间、输入与输出之间的对应关系，得出因果图，如图3-6所示。

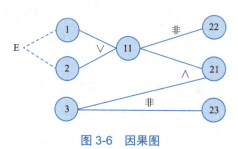

图 3-6 因果图

任务四 使用决策表设计法设计测试用例

使用决策表法设计测试用例

任务描述

运用决策表设计测试用例，可以将条件理解为输入，将动作理解为输出。决策表通常由四个部分组成：条件桩、动作桩、条件项、动作项。本任务将使用决策表法进行测试用例设计。

相关知识

一、决策表概述

决策表也被称为判定表，实际上就是一种逻辑表。它是最严格的功能性测试，用于表示和分析复杂的逻辑关系。适用于描述不同条件集合下采取行动的若干组合的情况。在程序设计发展初期，判定表就已经被当作程序开发的辅助工具了，帮助开发人员整理开发模式和流程，因为它可以把复杂的逻辑关系和多种条件组合的情况表达得既具体又明确，利用决策表可以设计出完整的测试用例集合。

二、决策表的组成部分

决策表一般由四个部分组成，详细如下：

（1）条件桩：列出问题的所有条件，除了部分问题对条件有先后顺序的要求之外，一般情况下决策表中所列条件没有先后顺序之分。

（2）条件项：条件桩的所有可能取值。

（3）动作桩：问题可能采取的操作，这些操作一般没有先后顺序之分。

（4）动作项：指出在条件项的各种取值情况下应采取的动作。

在决策表中，任何一个条件组合的特定取值及其要执行的相应操作称为一条规则，即决策表中的每一列就是一条规则，每一列都可以设计一个测试用例，根据决策表设计测试用例就不会有所遗漏。

在实际测试中，条件桩往往有很多个，而且每个条件桩都有真假两个条件项，有 n 个条件桩的决策表就会有 2^n 个条件规则，如果每条规则都设计一个测试用例，不仅工作量大，而且有些工作量可能是重复的无意义的。

任务实施

（1）为了让大家明白什么是决策表，下面通过一个"图片上传"来制作一个决策表，图片上传要求明确了上传过程中可能出现的状况，以及针对各种情况给出的结果。

图片上传要求有如下3个条件：
- 只能上传".jpg"格式的图片。
- 文件大小小于32 KB。
- 像素为137×177 px。

如果上述任何条件失败，系统将抛出相应的错误消息，说明问题，如果满足所有条件，照片将成功更新。

在表3-6中，有3个原因，每个原因可能取值"Y"和"N"，因此共有 $2^3=8$ 条结果，见表3-7。

表3-6　图片上传的原因与结果

原　　因		结　　果	
格式是否为 .jpg	A1	格式不匹配的错误消息	B1
		格式和分辨率不匹配的错误消息	B2
		格式和大小不匹配的错误消息	B3
文件大小是否小于 32 KB	A2	大小不匹配的错误消息	B4
		大小和分辨率不匹配的错误消息	B5
		分辨率不匹配的错误消息	B6
分辨率是否为 137×177 px	A3	格式、大小和分辨率不匹配的错误消息	B7
		照片上传成功	B8

表3-7　图片上传决策表

规　则		1	2	3	4	5	6	7	8
原因	A1	Y	Y	Y	Y	N	N	N	N
	A2	Y	Y	N	N	Y	Y	N	N
	A3	Y	N	Y	N	Y	N	Y	N

续表

规则		1	2	3	4	5	6	7	8
结果	B1					√			
	B2						√		
	B3							√	
	B4			√					
	B5				√				
	B6		√						
	B7								√
	B8	√							

分析表3-6图片上传决策表,没有可以合并的规则,因此在测试时需要设计8个测试用例,根据图片上传情况可设计测试用例,见表3-8。

表 3-8 图片上传测试用例

测试用例	图片格式	文件大小	分辨率
test1	.jpg	30 KB	137 × 177 px
test2	.jpg	30 KB	100 × 100 px
test3	.jpg	35 KB	137 × 177 px
test4	.jpg	35 KB	100 × 100 px
test5	.png	30 KB	137 × 177 px
test6	.png	30 KB	100 × 100 px
test7	.png	35 KB	137 × 177 px
test8	.png	35 KB	100 × 100 px

(2)某教学诊断与改进平台规格说明书中学生信息填写要求:学生性别必须是男或女,学生年龄必须是数字,在此情况下进行下一步,但如果学生性别填写不正确,则给出提示信息L;如果学生年龄不是数字,则给出提示信息M。

在项目三的任务三中案例得出的因果图的基础上进一步分析,将因果图转化为决策表,见表3-9(其中编号参见表3-5)。

表 3-9 某教学诊断与改进平台规格说明书决策表

		1	2	3	4	5	6	7	8
条件(原因)	1	1	1	1	1	0	0	0	0
	2	1	1	0	0	1	1	0	0
	3	1	0	1	0	1	0	1	0
	11			1	1	1	1	0	0
动作(结果)	22			0	0	0	0	1	1
	21			1	0	1	0	0	0
	23			0	1	0	1	0	1

续表

测试用例		1	2	3	4	5	6	7	8
				A3	AM	B5	B?	C2	YH
				A6	A?	B7	BD	X4	E#

任务五　使用正交实验设计法设计测试用例

任务描述

小张同学发现在实际的软件测试中，软件一般非常复杂，很难从软件的规格需求说明书中得出一一对应的输入与输出之间的关系，基本无法划分出等价类，并且如果采用因果图设计法，画出的因果图也会非常庞大，为了合理有效地进行测试，可以采用正交实验法设计测试用例。本任务将使用正交实验设计法设计测试用例。

相关知识

视频

使用正交实验设计法设计测试用例

一、正交试验设计法概述

正交实验测试用例设计法，是由数理统计学科中正交实验方法进化得出的一种测试多条件多输入的测试用例设计方法。正交实验方法是从大量的（实验）数据（测试例）中挑选适量的、有代表性的点（例），从而合理地安排实验（测试）的一种科学实验设计方法，是研究多因子（因素）多水平（状态）的一种试验设计方法。它是根据试验数据的正交性，从全面试验数据中挑选出部分有代表性的点进行试验，这些点具备了"整齐可比、均匀分散"的特点，正交试验设计是一种基于正交表的、高效率、快速、经济的试验设计方法。因子也可称为因素，状态称为水平，这里我们以因子和水平为准。

一般把所有参加试验、影响试验结果的条件称为因子，影响试验因子的取值或者输入叫作因子的水平。

正交实验方法与传统的测试用例设计方法相比，利用数学理论极大减少了测试组合的数量，在判定表、因果图用例设计方法当中，一般都是通过MN进行排列组合。使用正交实验方法，需考虑参与因子"整齐可比、均匀分散"的特性，保证每个实验因子及其取值都能参与实验，减少了人为测试习惯导致覆盖率低以及重复测试用例的风险。

（1）整齐可比：在同一张正交表中，每个因子的每个水平出现的次数完全一致。在实验中，每个因素的每个水平与其他因子的每个水平参与实验的概率完全一致，这就保证了在各个水平中最大限度地排除其他因素水平的干扰。因此，能最有效地进行比较和做出推测，容易找到最佳的试验条件。

（2）均匀分散：在同一张正交表中，任意两列（两个因子）的水平搭配（横向形成的数字对）是完全相同的，这就保证了实验条件均衡地分散在因素水平的完全组合之中，因而具有很强的代表性，容易得到较好的实验条件。

正交实验设计法包含如下三个关键因素：

- 指标:判断实验结果优劣的标准。
- 因子:因子也称为因素,是指所有影响实验指标的条件。
- 因子的状态:因子的状态也叫因子的水平,是指因子变量的取值。

二、正交实验法设计测试用例的步骤

利用正交实验法设计测试用例有如下几个步骤:

1. 提取因子,构造因子状态表

通过分析软件的规格需求说明书得到影响软件功能的因子,确定因子有哪些可能的取值,即确定因子的状态。例如,某软件系统的运行受操作系统和数据库的影响,因此操作系统和数据库是影响该软件系统是否运行成功的两个因子,而操作系统有Windows、Linux、Mac三个取值,数据库有MySQL、MongoDB、Oracle三个取值,因此操作系统的因子状态为3,数据库因子状态也为3。根据上述内容对该软件运行功能构造因子-状态表,见表3-10。

表 3-10 因子 - 状态表

因子	因子的状态		
操作系统	Windows	Linux	Mac
数据库	MySQL	MongoDB	Oracle

2. 加权筛选,简化因子状态表

一般在软件测试中,软件的因子及因子的状态会有很多个,每个因子及其状态对软件的作用也大不相同,如果划分的因子-状态表要覆盖所有的因子及状态,那么最后生成的测试用例会非常多,从而影响软件测试的效率。因此需要根据因子及状态的重要程度进行加权筛选,选出重要的因子与状态,简化因子-状态表。

加权筛选是指根据因子或状态的重要程度、出现频率等因素计算因子和状态的权值,权值越大,表明因子或状态重要性越大,而权值越小,表明因子或状态的重要性越小。加权筛选之后,可以去掉一部分权值较小的因子或状态,使得最后生成的测试用例集缩减到允许的范围。

3. 构建正交表,设计测试用例

正交表的推导依据Galois理论,正交表的表示形式为$L_n(t^c)$来表示,其中:

- L表示正交表。
- n表示正交表的行数,正交表的每一行可以设计一个测试用例,因此行数也表示可以设计的测试用例的数量。
- c表示正交实验的因子数目,即正交表的列数,因此正交表是一个n行c列的表。
- t表示水平数,也就是每个因子能够取得的最大值,即因子有多少个状态。

例如$L_4(2^3)$是一个简单的正交表,它表示该实验有3个因子,每个因子有两个状态,可以做4次实验,如果用0和1表示每个因子的两种状态,则该正交表就是一个4行3列的表,见表3-11。

在实际软件测试中,一个测试对象往往存在很多个因子,每个因子的状态数目都不相同，即各列的水平数不相等，这样的正交表称为混合正交表，如$L_8(2^4 \times 4^1)$，这个正交表表示有4个因子有2种状态，有1个因子有4种状态。

表 3-11　$L_4(2^3)$ 正交表

行	列		
	1	2	3
1	1	1	1
2	1	0	0
3	0	1	0
4	0	0	1

一般混合正交表很难确定测试用例的数目，即n的值，但是我们可以通过登录正交表的一些权威网站查询对应的n值。

在正交表中，一个因子的所有水平与剩下因子的所有水平都"交互"一次，这就是正交性，它确保了实验点均匀分散在因子与水平的组合之中，因此具有很强的代表性。

对于受多因子多水平影响的软件，正交实验法可以高效适量的生成测试用例，减少测试工作量，并且利用正交实验法得到的测试用例具有一定的覆盖度，检错率可达50%以上。

需要注意的是，在选择正交表时要先确定实验因子、状态及它们之间的交互作用，选择合适的正交表，同时还要考虑实验的精度要求、费用、时长等因素。

任务实施

某教学诊断与改进平台需要测试，该平台有多个不同的操作系统和服务器配置，并且支持用户使用不同的浏览器及插件访问该网站视频，请设计测试用例进行该网站的兼容性测试。

（1）Web浏览器：Netscape、Opera。

（2）插件：无、RealPlayer、MediaPlayer。

（3）应用服务器：IIS、Apache、Netscape Enterprise。

（4）操作系统：Windows 10、Linux。

小张同学：该示例如何使用正交实验设计法设计测试用例呢？

师傅：通过上述需求分析，要求共有4个测试参数，分别是Web浏览器、插件、应用服务器、操作系统，并且每个因子可能的取值都是3，因此可以使用4因子3水平的正交表。

通过对比查找正交实验表，4因子3水平的正交表见表3-12。

表 3-12　4 因子 3 水平正交表

实验编号	列			
	1	2	3	4
1	1	1	1	1
2	1	2	2	2
3	1	3	3	3

续表

实验编号	列			
	1	2	3	4
4	2	1	2	3
5	2	2	3	1
6	2	3	1	2
7	3	1	3	2
8	3	2	1	3
9	3	3	2	1

通过分析得到的测试输入及取值，替换表3-11中的4因子3水平正交表，见表3-13。

表 3-13　正交表用例

实验编号	列			
	Web 浏览器	插件	应用服务器	操作系统
1	Netscape	无	IIS	Windows 7
2	Netscape	RealPlayer	Apache	Windows 10
3	Netscape	MediaPlayer	Netscape Enterprise	Linux
4	IE	无	Apache	Linux
5	IE	RealPlayer	Netscape Enterprise	Windows 7
6	IE	MediaPlayer	IIS	Windows 10
7	Opera	无	Netscape Enterprise	Windows 10
8	Opera	RealPlayer	IIS	Linux
9	Opera	MediaPlayer	Apache	Windows 7

根据经验补充4个因子中都取2和3的实验数据，更新后的正交表见表3-14。

表 3-14　正交表用例优化表

实验编号	列			
	Web 浏览器	插件	应用服务器	操作系统
1	Netscape	无	IIS	Windows 7
2	Netscape	RealPlayer	Apache	Windows 10
3	Netscape	MediaPlayer	Netscape Enterprise	Linux
4	IE	无	Apache	Linux
5	IE	RealPlayer	Netscape Enterprise	Windows 7
6	IE	MediaPlayer	IIS	Windows 10
7	Opera	无	Netscape Enterprise	Windows 10
8	Opera	RealPlayer	IIS	Linux
9	Opera	MediaPlayer	Apache	Windows 7
10	IE	RealPlayer	Apache	Windows 10
11	Opera	MediaPlayer	Netscape Enterprise	Linux

由表3-13可知，利用正交实验大概设计了11条用例解决了上述兼容性测试在不同环境下的组合情况，即使根据经验再补充些测试用例，也比3^4=81条测试用例要少很多。

任务六　使用状态迁移设计法设计测试用例

任务描述

小张同学在学习软件测试的过程中发现，状态迁移法是一种常用的软件测试方法，它可以帮助测试人员更有效地发现软件中的错误和缺陷。本任务将使用状态迁移设计法设计测试用例。

相关知识

一、状态迁移设计法概述

状态迁移设计法注重被测对象的状态变化，如在软件需求规格说明书中是否有可能发生的状态和不合法的状态，是否可能产生不合法的状态迁移等。状态就是被测对象在特定输入条件下所保持的响应形式。对于被测对象来说，如果根据软件需求规格说明书抽象出它的若干状态，以及这些状态之间的迁移条件和迁移路径，那么可以从其状态迁移路径覆盖的角度来设计测试用例。状态迁移设计法的目标是设计足够多的测试用例，以覆盖被测对象状态。

二、状态迁移设计法设计测试用例的步骤

采用状态迁移设计法时，首先需要分析出被测对象在软件需求规格说明书中定义的状态，通过有向箭头标识在某些输入条件下状态间的迁移关系，利用广度优先或者深度优先法则确定测试用例规则，最后细化测试用例。具体操作步骤如下：

1. 明确状态节点

通过分析被测对象的测试特性及对应的软件需求规格说明，明确被测对象的状态节点数量及相互迁移关系。

2. 绘制状态迁移图

状态节点采用圆圈表示，状态间的迁移关系采用有向箭头表示，根据需要在箭头旁标识迁移条件。利用绘图软件绘制状态迁移图。

3. 绘制状态迁移树

根据状态迁移图，利用广度优先及深度优先法则绘制状态迁移树。首先确定起始节点及终止节点，在绘制时，当路径遇到终止节点时，不再扩展，遇到已经出现的节点也将停止扩展。

4. 抽取测试路径设计测试用例

根据迁移树得出测试路径，从左到右，横向抽取，每条路径构成一条测试规则，再利用

等价类及边界值划分法细化测试用例。

任务实施

某航空公司的飞机售票系统,旅客购买机票可能的流程如下:

(1)旅客向航空公司打电话预订机票,此时机票信息处于"预订"状态。

(2)旅客支付过机票费用后,机票信息变为"已支付"状态。

(3)旅行当天到达机场,旅客拿到机票后,机票信息变为"已出票"状态。

(4)旅客登机检票后,机票信息变为"已使用"状态。

(5)旅客在登机之前任何时间都可以取消自己的订票信息,如果已经支付过机票的费用,那么还可以退款,取消后,订票信息处于"已取消"状态。

小张同学:该示例如何使用状态迁移法设计测试用例呢?

师傅:根据上述需求分析,可以得到该被测对象一共有预订、已支付、已出票、已使用、已取消这5种状态。绘制状态迁移图如图3-7所示。

由图3-7可见,对每个节点采用有向箭头标识该节点的输出,仅需关注每个节点本身的输出即可。例如,"预订"节点作为起始节点,它的输出节点即下一个处理节点为"已支付","已支付"节点的下一步输出,即下一步可到"已出票"或"已取消"两个节点。每个节点能够达到的下个节点规则都是根据被测对象的需求确定的。

根据状态迁移图绘制状态迁移树如图3-8所示。

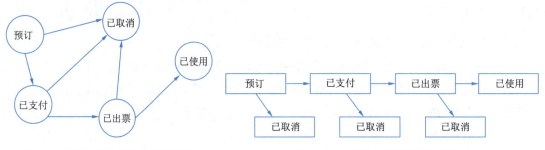

图 3-7 飞机售票系统状态迁移图　　　　图 3-8 飞机售票系统状态迁移树

根据状态迁移树,确定测试路径,每个叶子节点构成一条路径,则图3-8可以得到4条路径。

路径1:预订—已取消;

路径2:预订—已支付—已取消;

路径3:预订—已支付—已出票—已取消;

路径4:预订—已支付—已出票—已使用。

4条路径分别构成4条测试规则,需注意的是,仅仅是构成4条规则,针对每个节点的功能仍需通过等价类及边界值法进行功能验证,状态迁移设计法不保证单个功能点的正确性,仅确保状态间的转换是否与需求描述一致。

任务七　使用场景设计法设计测试用例

任务描述

小张同学在学习软件测试的过程中发现,现在的软件几乎都是用事件触发来控制流程的,事件触发时的情景便形成了场景,而同一事件不同的触发顺序和处理结果就形成事件流。这种在软件设计方面的思想也可引入软件测试中,可以比较生动地描绘出事件触发时的情景,有利于测试设计者设计测试用例,同时使测试用例更容易理解和执行。场景法就是通过用例场景描述用例执行的路径,从用例开始到结束,遍历这条路径上所有基本流和备选流。本任务将使用场景设计法设计测试用例。

相关知识

视频

使用场景设计法设计测试用例

一、场景设计法概述

当前软件行业内的大多数业务软件往往都由用户管理、角色管理、权限管理、工作流等几个部分构成。作为被测对象的终端用户,期望被测对象能够实现他们的业务需求,而不是简单的功能组合。因此针对单点功能利用等价类、边界值、判定表等用例设计方法能够解决大部分问题,但涉及业务流程的软件系统,采用场景设计法是比较合适的。

二、场景设计法流程

针对场景业务流,通常可分为基本流、备选流和异常流三种业务流向。基本流表示输入经过每一个正确的流程运转最终达到预期结果;备选流表示输入经过每一个流程运转时可能产生异常情况,但经过纠正后仍能达到预期结果;而异常流表示输入经过每一个流程运转时,产生异常终止的现象。基本流和备选流,通常作为业务流程测试过程中优先级较高的测试分支,应详细设计划分。异常流作为可靠性健壮性用例也需要同步考虑。

场景分析设计法的基本流程如图3-9所示。从图中可以看出,基本流从流程开始直至流程结束,中间无任何异常分支,往往表述一个正向的业务流程,也是优先级较高的流程。备选流尽管在流程流转过程中出现了异常,但仍能回到基本流主线,如备选流程1和备选流程2,最终仍能回归基本流,直至流程结束。而异常流,如异常流程1和异常流程2,在基本流或备选流基础上出现了异常,并最终异常结束业务流程。

在现实的软件测试过程中,有些公司仅

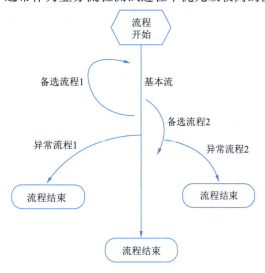

图3-9　场景分析设计法流程示意图

划分基本流和备选流，但流程较为复杂，如存在多级审批会签时，最好加入异常流的分析步骤。

从图3-9中可以看出，共有8个业务场景，如下：

场景1：基本流。

场景2：基本流—备选流程1—基本流。

场景3：基本流—备选流程2—基本流。

场景4：基本流—异常流程1。

场景5：基本流—备选流程2—异常流程2。

场景6：基本流—备选流程1—备选流程2—异常流程2。

场景7：基本流—备选流程1—备选流程2—基本流。

场景8：基本流—备选流程1—异常流程1。

确定场景时需关注流程的入口，每个场景应包含从未包含的节点，即重复的节点不能作为新的场景。如果"基本流—备选流程2—备选流程1—基本流程"与"基本流—备选流程1—备选流程2—基本流程"实际上是同一个流程，则不能算作新的场景流程。

由上述案例可见，从场景分析角度来看，共有8个场景，构成了至少8条测试规则，但在实际使用过程中，针对每个节点在设计测试用例时需考虑其成立的条件，利用等价类及边界值进一步细化测试规则及路径，从而提取有效测试用例。与状态迁移法类似，场景分析法不验证单个功能的正确性，在实际使用时需注意。

运用场景设计法设计测试用例时，首先需清楚被测对象的需求规格说明，根据需求流程描述，抽取业务流程，绘制场景流程图。最终根据每个节点的需求，利用等价类及边界值的方法细化路径，抽取测试用例。

任务实施

某教学诊断与改进平台中，监控后台服务器数据收发情况，将待发送的数据打包成符合CAN协议的帧格式后，便可写入发送缓冲区，并自动发送。该发送子程序的流程如下：

（1）进入发送子程序。

（2）系统判断是否有空闲发送缓冲区，如果没有则返回，启动发送失败消息。

（3）如果有空闲缓冲区，将数据包写入空闲发送缓冲区。

（4）系统判断是否写入成功，如果失败则返回，启动发送失败消息。

（5）如果写入成功，则启动发送命令。

（6）返回启动发送成功消息。

小张同学：该示例如何使用场景设计法设计测试用例呢？

师傅：分析上述需求，被测对象业务流程共有进入发送子程序、判断空闲发送缓冲区、发送失败消息、写入数据、启动发送命令、启动发送成功消息这6个流程节点，绘制场景流程图如图3-10所示。

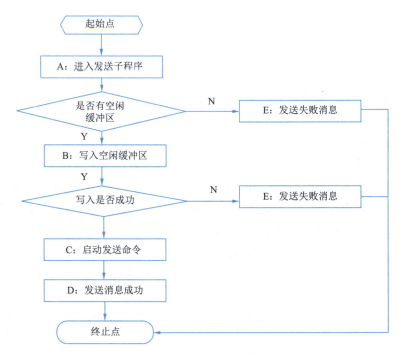

图 3-10 数据写入流程图

根据图3-10流程图设计测试用例，每一条路径构成一条用例规则，如下：

场景1：A—B—C—D（基本流）。

场景2：A—E（异常流）。

场景3：A—B—E（异常流）。

利用场景设计法，该业务可设计3个流程用例进行测试。

任务八　使用错误推测法设计测试用例

任务描述

小张同学在学习软件测试的过程中发现，错误推测法是基于测试人员对以往项目测试中曾经发现的缺陷、故障或失效数据，在导致软件错误原因分析的基础上设计测试用例，用于预测错误、缺陷和失效发生的技术。本任务将使用错误推测法设计测试用例。

视频

使用错误推测法设计测试用例

相关知识

错误推测法是指利用直觉和经验猜测出错的可能类型，有针对性列举出程序中所有可能的错误和容易发生错误的情况，它是测试经验丰富的测试人员经常使用的一种测试用例设计方法。

1. 基本思想

基本思想是列举出可能犯的错误或错误容易发生的清单，然后根据清单编写测试用例。

这种方法很大程度上是根据经验进行的，也就是根据人们对过去所作测试结果的分析，对所揭示缺陷的规律进行直觉的推测来发现缺陷。

2. 使用场景

（1）项目紧任务急、时间不够，这时就不要按部就班地测试了。

（2）根据之前项目的经验，找到之前出错过的类似模块进行重点测试。

（3）所有正常测试结束后，通过错误推断法再测试一些之前出过问题的模块。

比如，软件需求中要求产品购物车中购物总金额在[200,300]的时候，购物车产品享受9折价格。用等价类划分法和边界值法都测试过了，还有没有其他可能呢？

先分析，当在[200,300]的时候，享受9折，那么当产品总价为280的时候，经过9折的优惠后为252，还是在优惠的范围内，是不是继续享受9折优惠呢？这个思考的过程就是错误推测法的过程。需求中并没有说是否可以继续优惠，那么就需要和产品设计人员进行沟通了解客户需求。如果答案是不能继续享受优惠，那么购物车客户要付款的数目为252，测试结果如果不是252，说明有缺陷。

任务实施

测试一个对线性表（比如数组）进行排序的程序，应用错误推测法推测出需要特别测试的情况。

小张同学：如何根据错误推测法设计测试用例呢？

师傅：根据经验，对于线性表排序程序，下面一些情况可能使软件发生错误或容易发生错误，需要特别测试。

（1）输入的线性表为空表。

（2）表中只含有1个元素。

（3）输入表中所有元素已排好序。

（4）输入表已按逆序排好。

（5）输入表中部分或全部元素相同。

项目小结

本项目主要介绍了黑盒测试的几种方法，黑盒测试又称为功能测试、数据驱动测试或基于规格说明书的测试，是一种从用户观点出发的测试。用这种方法进行测试时，把被测程序当作一个黑盒子，在不考虑程序内部结构和内部特性，测试者只知道该程序的输入和输出之间的关系或者程序功能的情况下，依靠能够反映这一关系和程序功能需求的规格说明书确定测试用例和推断测试结果的正确性。

黑盒测试是根据输入数据与输出数据的对应关系，即根据程序外部特性来进行测试的，而不考虑内部结构及工作情况。黑盒测试技术注重于软件的信息域（范围），通过划分程序的输入和输出域来确定测试用例。如果外部特性本身存在问题或规格说明有误，应用黑盒测试方法是不能发现问题的。黑盒测试方法有：等价类划分，边界值分析法，因果图设计法，决策表设计法，正交实验设计法，状态迁移设计法，场景设计法以及错误推测法。

 习 题

1. 黑盒测试的具体技术方法有哪些？
2. 简述黑盒测试的概念。
3. 简述黑盒测试的目的。

项目四
白盒测试

项目导读

白盒测试是软件测试中的一种重要方法，旨在测试系统内部的结构、设计和实现细节。它涉及对系统的源代码、算法和逻辑进行深入分析，以确定其中的错误和缺陷。白盒测试又称结构测试、逻辑驱动测试或基于程序的测试。它是知道产品内部工作过程，可以通过测试来检测产品内部动作是否按照软件需求规格说明书的规定正常进行，按照程序内部的结构测试程序，检验程序中的每条通路是否都能按预定要求正确工作，而不考虑它的功能，白盒测试主要包含逻辑覆盖和程序插桩两种方法。

项目目标

知识目标
◎ 理解白盒测试基本概念。
◎ 理解并掌握逻辑覆盖法及其应用。
◎ 了解程序插桩法。

技能目标
◎ 通过学习，加强对白盒测试方法的理解和认识。
◎ 通过实战练习，提升运用白盒测试方法对软件进行测试的能力。

素养目标
◎ 运用白盒测试方法对软件进行测试，培养学生发现问题的能力。
◎ 通过不断检测、探究和反思，培养学生精益求精的工匠精神。

课前学习工作页

选择题

1. 软件测试中白盒测试法是通过分析程序的（　　）来设计测试用例的。
   A. 应用范围　　B. 内部逻辑　　C. 功能　　D. 输入数据
2. 下列几种逻辑覆盖标准中，查错能力最强的是（　　）。
   A. 语句覆盖　　B. 判定覆盖　　C. 条件覆盖　　D. 条件组合覆盖
3. 语句覆盖、判断覆盖、条件覆盖和路径覆盖都是白盒测试法设计测试用例的覆盖准则，在这些覆盖准则中最弱的准则是（　　）。
   A. 语句覆盖　　B. 条件覆盖　　C. 路径覆盖　　D. 判断覆盖

任务一　使用逻辑覆盖法设计测试用例

任务描述

小张同学在进行软件测试时发现逻辑覆盖法需要了解软件程序的内部结构和逻辑，设计测试用例和测试场景来检测和评估软件的内部行为和功能是否符合预期。本任务先来了解逻辑覆盖法，然后学习如何使用逻辑覆盖法设计测试用例。

视频
使用逻辑覆盖法设计测试用例

相关知识

逻辑覆盖法是以程序内部的逻辑结构为基础的测试用例设计方法，要求测试人员对程序的逻辑结构有比较清楚的了解。逻辑覆盖分为语句覆盖、判定覆盖、条件覆盖、判定-条件覆盖、条件组合覆盖和路径覆盖六种，接下来将详细介绍这六种逻辑覆盖方法。

1. 语句覆盖

语句覆盖（statement coverage）又称行覆盖、段覆盖、基本块覆盖，它是最常见的覆盖方式。语句覆盖的目的是测试程序中的代码是否被执行，它只测试代码中的执行语句，但这里的执行语句不包含头文件、注释、空行等语句。语句覆盖在多分支的程序中只能覆盖某一条路径，使得该路径中的每一个语句至少被执行一次，但不会考虑各种分支组合情况。

2. 判定覆盖

判定覆盖（decision coverage）又称为分支覆盖，其原则是设计足够多的测试用例，在测试过程中保证每个判定至少有一次是真值、有一次是假值。

判定覆盖的作用是使真假分支都要被执行，虽然判定覆盖比语句覆盖测试能力强，但仍然具有和语句覆盖一样的单一性。

3. 条件覆盖

条件覆盖（condition coverage）指的是设计足够多的测试用例，使判定语句中的每个逻辑条件取真值与取假值至少出现一次。

4. 判定-条件覆盖

判定-条件覆盖（condition/decision coverage）要求设计足够多的测试用例，使得判定语句中所有条件的可能取值至少出现一次，同时，所有判定语句的可能结果也至少出现一次。

5. 条件组合覆盖

条件组合覆盖（multiple condition coverage）指的是设计足够多的测试用例，使得判定语句中每个条件的所有可能至少出现一次，并且每个判定语句本身的判定结果也至少出现一次，它与判定-条件覆盖的区别是，条件组合覆盖不是简单地要求每个条件都出现"真"与"假"两种结果，而是要求让这些结果的所有可能组合都至少出现一次。

6. 路径覆盖

路径覆盖法是在程序控制流图的基础上，通过分析控制结构的环路复杂性，导出基本可执行路径集合而设计测试用例的方法。该方法把覆盖的路径数压缩到一定范围内，程序中的循环体最多只执行一次。设计出的测试用例要保证在测试中程序的每一个可执行语句至少要执行一次。

程序的控制流图常用结构如图4-1所示，其中符号○为控制流图的一个节点，表示一个或多个无分支的源程序语句。箭头为边，表示控制流的方向。

顺序结构　　IF选择结构　　WHILE重复结构　　UNTIL重复结构　　CASE多分支结构

图 4-1　程序的控制流图常用结构

在选择或多分支结构中，分支的汇聚处应有一个汇聚节点；边和节点圈定的部分叫作区域，当对区域计数时，图形外的区域也应记为一个区域；如果判断中的条件表达式是由一个或多个逻辑运算符（OR, AND, NAND, NOR）连接的复合条件表达式，则需要改为一系列只有单条件的嵌套的判断。

路径覆盖法步骤如下：
（1）从详细设计导出流图。
（2）确定流图的环路复杂度。
（3）确定独立路径的基本集。
（4）导出测试用例，确保基本路径集中的每一条路径的执行。
（5）根据判断节点给出的条件，选择适当的数据以保证某一条路径可以被测试到。

任务实施

1. 语句覆盖法设计测试用例

小张同学：下列代码如何使用语句覆盖法法设计测试用例呢？

师傅：语句覆盖是测试程序中的代码是否被执行，它只测试代码中的执行语句。下面通过代码来介绍语句覆盖方法的执行，程序伪代码如下：

```
1. public void test(int m ,int n, int t){
2.     if(m>1&& n==0){
3.         t=t/m;
4.     }
5.     if(m==2||t>1){
6.         t=t+1;
7.     }
8. }
```

在上述代码中，逻辑运算&&表示AND，逻辑运算||表示OR，第2~3行代码表示如果m>0成立并且n==0成立，则执行t=t/m语句；第5~6行代码表示如果m==2成立或者t>1成立，则执行t =t+1语句。代码流程图如图4-2所示。

在代码运行流程图4-2中，a、b、c、d、e表示程序执行分支。在语句覆盖测试用例中，使程序中每个可执行语句至少被执行一次。

设计测试用例Test1：m=2　n=0　t=4。

执行测试用例，程序运行路径为ace。容易看出程序中ace路径上的每个语句都能被执行。

但是语句覆盖对多分支的逻辑无法全面涵盖，仅仅执行一次不能进行全面覆盖，因此，语句覆盖是一种弱覆盖方法。语句覆盖虽然可以测试执行语句是否被执行到，但却无法测试程序中存在的逻辑错误。比如，如果上述程序中的逻辑运算符号"&&"误写了"||"，使用测试用例Test1同样可以覆盖ace路径上的全部执行语句，但却没法发现逻辑错误。同样，如果将m>1误写成m>=1，使用同样的测试用例Test1也可以执行ace路径上的全部执行语句，但却无法发现x>=1的错误。

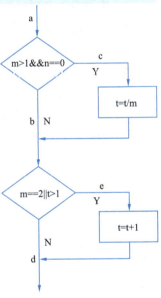

图4-2　程序执行流程图

语句覆盖无须详细考虑每个判断表达式，可以直观地从源程序中有效测试执行语句是否全部被覆盖，由于程序在设计时，语句之间存在许多内部逻辑关系，而语句覆盖不能发现其中存在的缺陷，因此语句覆盖并不能满足白盒测试的测试所有逻辑语句的基本需求。

2. 判定覆盖法设计测试用例

小张同学：如何使用判定覆盖法设计测试用例呢？

师傅：判定覆盖法是设计足够多的测试用例，在测试过程中保证每个判定至少有一次是真值，有一次是假值。以图4-2及其程序为例，设计判定覆盖测试用例，见表4-1。

表4-1 判定覆盖测试用例

测试用例	m	n	t	执行语句路径
test1	3	0	3	acd
test2	2	1	1	abe
test3	2	0	2	ace
test4	3	1	1	abd

由表4-1可见，4个测试用例覆盖了acd、abe、ace、abd四条路径，使得每个判定语句的取值都满足了各有一次"真"与"假"。相比于语句覆盖，判定覆盖的覆盖范围更广泛。判定覆盖虽然保证了每个判定至少有一次是真值、有一次是假值，但是判定覆盖并没有考虑到程序内部取值的情况。

判定覆盖语句一般是由多个逻辑条件组成，如果只判断测试程序执行的最终结果而忽略每个条件可能的取值，一定会漏掉部分测试路径，因此，判定覆盖也是一种弱覆盖。

3. 条件覆盖法设计测试用例

小张同学：如何使用条件覆盖法设计测试用例呢？

师傅：条件覆盖法要求每个判定语句真、假值至少出现一次。例如，判定语句if($m>2$ || $n<1$)中存在$m>2$、$n<1$两个逻辑条件，设计条件覆盖测试用例时，要保证$m>2$、$n<1$的"真""假"值至少出现一次。

以图4-1程序为例，设计条件覆盖测试用例，在该程序中，有2个判定语句，每个判定语句有2个逻辑条件，共有4个逻辑条件，使用标识符标记各个逻辑条件取真假值的情况，见表4-2。

表4-2 使用标识符标记逻辑条件取值情况

条件1	条件标记	条件2	条件标记
$m>1$	T1	$m=2$	T3
$m<=1$	F1	$m \neq 2$	F3
$n=0$	T2	$t>1$	T4
$n \neq 0$	F2	$t<=1$	F4

表4-2中，使用T1标记$m>1$取真值的情况（即满足$m>1$条件）、F1标记$m>1$取假值的情况（即不满足$m>1$条件）。同理，使用T2、T3、T4标记$n=0$、$m=2$、$t>1$取真值，使用F2、F3、F4标记$n=0$、$m=2$、$t>1$取假值，最后得到执行条件判断语句的8种状态，设计测试用例时，要保证每种状态都至少出现一次。设计测试用例的原则是尽量以最少的测试用例达到最大的覆盖率，图4-1程序的条件覆盖测试用例见表4-3。

表4-3 条件覆盖测试用例

测试用例	m	n	t	条件标记	执行路径
Test1	1	0	2	F1、T2、F3、T4	abe
Test2	2	1	1	T1、F2、T3、F4	abe

从条件覆盖的测试用例容易看出，使用2个测试用例就达到了使每个逻辑条件取真值与

取假值都至少出现了一次，但从测试用例的执行路径来看，条件分支覆盖的状态下仍旧不能满足判定覆盖，即没有覆盖abd、acd、ace路径。相比于语句覆盖与判定覆盖，条件覆盖达到了逻辑条件的最大覆盖率，但却不能保证判定覆盖，仍旧不能满足白盒测试覆盖所有分支的需求。

4. 判定-条件覆盖法设计测试用例

小张同学：如何使用判定-条件覆盖法设计测试用例呢？

师傅：判定-条件覆盖要求判定语句中所有条件的可能取值至少出现一次，同时，所有判定语句的可能结果也至少出现一次。例如，判定语句if(m>1 && n<1)，该判定语句有m>1、n<1两个条件，那么在设计测试用例时，要保证m>1、n<1两个条件取"真""假"值至少一次，同时，判定语句if(m>1 && n<1)取"真""假"也至少出现一次。这就是判定-条件覆盖，它弥补了判定覆盖和条件覆盖的不足之处。

根据判定-条件覆盖原则，以图4-1程序为例设计判定-条件覆盖测试用例，见表4-4。

表4-4 判定-条件覆盖测试用例

测试用例	m	n	t	条件标记	条件1	条件2	执行路径
test1	2	0	4	T1、T2、T3、T4	1	1	ace
test2	1	1	1	F1、F2、F3、F4	0	0	abd

在判定-条件覆盖中，2个测试用例满足了所有条件可能取值至少出现一次，以及所有判定语句可能结果也至少出现一次的要求。相比于条件覆盖、判定覆盖，判定-条件覆盖弥补了两者的不足的地方，但是由于判定-条件覆盖没有考虑判定语句与条件判断的组合情况，其覆盖范围并没有比条件覆盖扩展，判定-条件覆盖也没有覆盖acd路径，因此判定-条件覆盖在仍旧存在测试遗漏的情况。

5. 条件组合覆盖法设计测试用例

小张同学：如何使用条件组合覆盖法设计测试用例呢？

师傅：条件组合覆盖法要求判定语句中每个条件的所有可能至少出现一次，并且每个判定语句本身的判定结果也至少出现一次。以图4-1程序为例，该程序中共有四个条件，即m>1、n=0、m=2、t>1，依然用T1、T2、T3、T4标记这四个条件成立，用F1、F2、F3、F4这些标记条件不成立。由于这四个条件每个条件都有取"真""假"两个值，因此所有条件结果的组合有2^4=16种，见表4-5。

表4-5 条件组合所有结果

序号	组合	含义
1	T1、T2、T3、T4	m>1成立，n=0成立；m=2成立，t>1成立
2	F1、T2、T3、T4	m>1不成立，n=0成立；m=2成立，t>1成立
3	T1、F2、T3、T4	m>1成立，n=0不成立；m=2成立，t>1成立
4	T1、T2、F3、T4	m>1成立，n=0成立；m=2不成立，t>1成立
5	T1、T2、T3、F4	m>1成立，n=0成立；m=2成立，t>1不成立
6	F1、F2、T3、T4	m>1不成立，n=0不成立；m=2成立，t>1成立

续表

序 号	组 合	含 义
7	F1、T2、F3、T4	$m>1$ 不成立，$n=0$ 成立；$m=2$ 不成立，$t>1$ 成立
8	F1、T2、T3、F4	$m>1$ 不成立，$n=0$ 成立；$m=2$ 不成立，$t>1$ 不成立
9	T1、F2、F3、T4	$m>1$ 成立，$n=0$ 不成立；$m=2$ 不成立，$t>1$ 成立
10	T1、T2、F3、F4	$m>1$ 成立，$n=0$ 成立；$m=2$ 不成立，$t>1$ 不成立
11	T1、F2、F3、F4	$m>1$ 成立，$n=0$ 不成立；$m=2$ 不成立，$t>1$ 不成立
12	F1、F2、F3、T4	$m>1$ 不成立，$n=0$ 不成立；$m=2$ 不成立，$t>1$ 成立
13	F1、F2、T3、F4	$m>1$ 不成立，$n=0$ 不成立；$m=2$ 成立，$t>1$ 不成立
14	T1、F2、F3、F4	$m>1$ 成立，$n=0$ 不成立；$m=2$ 不成立，$t>1$ 不成立
15	F1、T2、F3、F4	$m>1$ 不成立，$n=0$ 成立；$m=2$ 不成立，$t>1$ 不成立
16	F1、F2、F3、F4	$m>1$ 不成立，$n=0$ 不成立；$m=2$ 不成立，$t>1$ 不成立

表4-5列出了4个条件所有结果的组合情况，经过分析可以发现，第2、6、8、13这4种情况是不存在的，这几种情况要求$m>1$不成立，而$m=2$成立，这两种结果不可能同时存在，因此最终图4-1的所有条件组合情况有12种，根据这12种情况设计测试用例，见表4-6。

表4-6 条件组合覆盖测试用例

序 号	组 合	测试用例			条件1	条件2	覆盖路径
		m	n	t			
test1	T1、T2、T3、T4	2	0	2	1	1	ace
test2	T1、F2、T3、T4	2	1	2	0	1	abe
test3	T1、T2、F3、T4	4	0	2	1	1	ace
test4	T1、T2、T3、F4	2	0	1	1	1	ace
test5	F1、T2、F3、T4	1	0	2	0	1	abe
test6	T1、F2、F3、T4	3	1	2	0	1	abe
test7	T1、T2、F3、F4	3	0	1	1	0	acd
test8	T1、F2、T3、F4	2	1	1	0	1	abe
test9	F1、F2、F3、T4	-1	2	2	0	1	abe
test10	T1、F2、F3、F4	3	2	1	0	0	abd
test11	F1、T2、F3、F4	-1	0	1	0	0	abd
test12	F1、F2、F3、F4	-1	1	1	0	0	abd

与判定-条件覆盖相比，条件组合覆盖包括了所有判定-条件覆盖，因此它的覆盖范围更广。但是当程序中条件比较多时，条件组合的数量会呈指数型增长，组合情况非常多，要设计的测试用例也会很多，这样反而会使测试效率降低。

6. 路径覆盖法设计测试用例

小张同学：如何使用路径覆盖法设计测试用例呢？

师傅：路径覆盖法要求程序的每一个可执行语句至少要执行一次。

以图4-1程序为例，该程序中共有四个条件，即$m>1$、$n=0$、$m=2$、$t>1$，我们依然用

T1、T2、T3、T4标记这四个条件成立，用F1、F2、F3、F4这些标记条件不成立。根据图4-1可知基本路径集为{abd,abe,ace,acd}，根据路径覆盖法设计测试用例覆盖4条基本路径，见表4-7。

表 4-7　路径覆盖法设计测试用例

序　号	测试用例	通过路径	覆盖条件
test1	$m=3$, $n=2$, $t=1$	abd	T1、F2、F3、F4
test2	$m=1$, $n=0$, $t=2$	abe	F1、T2、F3、T4
test3	$m=2$, $n=0$, $t=1$	ace	T1、T2、T3、F4
test4	$m=3$, $n=0$, $t=1$	acd	T1、T2、F3、F4

任务二　使用程序插桩法设计测试用例

任务描述

小张同学在学习程序插桩法时发现该方法是向被测试程序中插入测试代码来达到测试目的的方法，插入的测试代码被称为探针。根据测试代码插入的时间可以将插桩法分为目标代码插桩和源代码插桩。

相关知识

程序插桩指的是向被测试程序中插入测试代码来达到测试目的的方法，插入的测试代码被称为探针。根据测试代码插入的时间可以将插桩法分为目标代码插桩和源代码插桩。

视频

使用程序插桩法设计测试用例

一、目标代码插桩法

目标代码插桩指的是向目标代码（二进制代码）插入测试代码，获取程序运行信息的测试方法，也称为动态程序分析方法。

1. 目标代码插桩原理

目标代码插桩法的原理是在程序运行平台和底层操作系统之间建立中间层，通过中间层检查执行程序、修改指令，开发人员、软件分析工程师等对运行的程序进行观察，判断程序是否被恶意攻击或者出现异常行为，从而提高程序的整体质量。

2. 目标代码插桩执行模式

（1）即时模式（just-in-time）：原始的二进制或可执行文件没有被修改或执行，将修改部分的二进制代码生成文件副本存储在新的内存区域中，在测试时仅执行修改部分的目标代码。

（2）解释模式（interpretation mode）：在解释模式中目标代码被视为数据，测试人员插入的测试代码作为目标代码指令的解释语言，每当执行一条目标代码指令，程序就会在测试代码中查找并执行相应的替代指令，测试通过替代指令的执行信息就可以获取程序的运行信息。

（3）探测模式（probe mode）：探测模式是使用新指令覆盖旧指令进行测试，这种模式在某些体系结构（如x86）中比较好用。

3. 目标代码插桩工具

由于目标程序是可执行的二进制文件，人工插入代码是无法实现的，因此目标代码插桩一般通过相应的插桩工具来实现，插桩工具提供的API可以为用户提供访问命令。常见的目标代码插桩工具主要有两种：

（1）Pin-Dynamic Binary Instrumentation Tools（简称Pin）。Pin是由Intel公司开发的免费框架，它可以用于源代码检测和二进制代码检测。Pin支持IA-32、x86-64、MIC体系，可以运行在Linux、Windows和Android平台。Pin具有基本块分析器、缓存模拟器、指令跟踪生成器等模块，往往用于大型程序测试，如Office办公软件、虚拟实现引擎等。

（2）DynamoRIO。DynamoRIO是一个许可的动态二进制代码监测框架，作为应用程序和操作系统的中间平台，它可以在程序执行时实现程序任何部分的代码转换。DynamoRIO支持IA-32、AMD64、Arch64体系，可以运行在Linux、Windows和Android平台。DynamoRIO包含内存调试工具、内存跟踪工具、指令跟踪工具等。

二、源代码插桩法

源代码插桩是指对源文件进行完整的词法、语法分析后，确认插桩的位置，植入探针代码。相比于目标代码插桩，源代码插桩具有针对性和精确性。源代码插桩模型如图4-3所示。

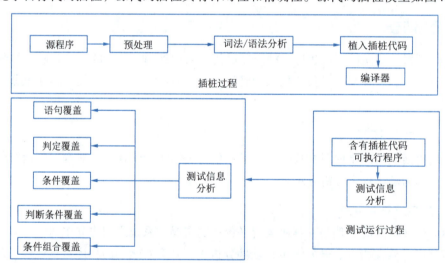

图 4-3　源代码插桩模型

由图4-3可以看出，相比于目标代码插桩，源代码插桩实现复杂程度低。源代码插桩是源代码级别的测试技术，探针代码程序具有较好的通用性，使用同一种编程语言编写的程序可以使用一个探针代码程序来完成测试。下面通过除法运算示例来讲解源代码插桩，代码如下：

```
1.  #include <stdio.h>
2.   #define ASSERT(y) if(y){  printf("出错文件：%s\n",__FILE__);\
3.       printf("在%d行：\n",__LINE__\);
4.       printf("提示：除数不能为0！\n");\
```

```
5.  }                                    //定义ASSERT(y)
6.  int main()
7.  {   int x,y;
8.      printf("请输入被除数：");
9.      scanf("%d",&x);
10.     printf("请输入除数：");
11.     scanf("%d",&y);
12.     ASSERT(y==0);                    //插入的桩（即探针代码）
13.     printf("%d",x/y);
14.     return 0;
15. }
```

为了监视除法运算除数输入是否正确，在代码第12行插入宏函数ASSERT(y)，当除数为0时打印错误原因、出错文件、出错行数等信息提示。宏函数ASSERT(y)中使用了C语言标准库的宏定义"_FILE_"提示出错文件、"_LINE_"提示文件出错位置。

程序运行后，提示输入被除数和除数，在输入除数后，程序宏函数ASSERT(y)判断除数是否为0，若除数为0则打印错误信息，程序运行结束；若除数不为0，则进行除法运算并打印计算结果。根据除法运算规则设计测试用例，见表4-8。

表4-8 三角形程序判定覆盖测试用例

测试用例	数据输入	预期输出结果
T1	1,1	1
T2	1, -1	-1
T3	-1, -1	1
T4	-1, 1	-1
T5	1,0	错误
T6	-1,0	错误
T7	0,0	错误
T8	0, 1	0
T9	0, -1	0

对插桩后的C源程序进行编译、链接，生成可执行文件并运行，然后输入表4-8中的测试用例数据，测试用例的实际执行结果与预期结果是一致的。

程序插桩测试方法有效提高了代码测试覆盖率，但是插桩测试方法会带来代码膨胀、执行效率低下和HeisenBugs（对于不易复现bug的一种称呼），在一般情况下插桩后的代码膨胀率在20%~40%，甚至膨胀率达到100%导致插桩测试失败。

任务实施

某教学诊断与改进平台中要求输入三个学生成绩并求中间值，源程序如下所示：

```
1.  #include <stdio.h>
2.  int main()
3.  {   int i,mid,a[3];
```

```
4.    for(i=0;i<3;i++)
5.    scanf("%d",&a[i]);
6.    mid=a[2];
7.    if(a[1]<a[2])
8.    {   if(a[0]<a[1])
9.            mid=a[1];
10.       else if(a[0]<a[2])
11.           mid=a[1];
12.       }
13.   else
14.   {
15.       if(a[0]>a[1])
16.           mid=a[1];
17.       else if(a[0]>a[2])
18.           mid=a[0];
19.   }
20.   printf("中间值是:%d\n",mid);
21.   return 0;
22. }
```

小张同学：该示例如何使用程序插桩法设计测试用例呢？

师傅：上述代码是比较三个数中间值的源码，使用探针LINE()对源程序进行插桩，该探针监视程序执行过程。程序在执行后，LINE()会将程序的执行过程写入一个名为test.txt的文件中，若没有test.txt文件会自动创建，若test.txt文件已存在，则在每次执行程序之后从文件开始重新写入文件，覆盖上一次程序写文件的数据。测试人员通过写入的文件可以查看源程序执行的过程。

插桩后的代码，如下所示：

```
1.  #include <stdio.h>
2.  #define  LINE() fprintf(__POINT__,"%3d",__LINE__)
3.  FILE *__POINT__;
4.  int main()
5.  {
6.  if((__POINT__=fopen("test.txt","w"))==NULL)
7.  fprintf(stderr,"不能打开test.txt文件");
8.  int i,mid,a[3];
9.  for(LINE(),i=0;i<3;LINE(),i++)
10. LINE(),scanf("%d",&a[i]);
11. LINE(),mid=a[2];
12. if(LINE(),a[1]<a[2])
13. {
14. if(LINE(),a[0]<a[1])
15. LINE(),mid=a[1];
16. else if(LINE(),a[0]<a[2])
```

```
17. LINE(),mid=a[1];
18. }
19. else
20. {
21.     if(LINE(),a[0]>a[1])            LINE(),mid=a[1];
22.     else if(LINE(),a[0]>a[2])       LINE(),mid=a[0];
23. }
24. LINE(),printf("中间值是：%d\n",mid);
25. LINE(),fclose(__POINT__);
26. return 0;
27. }
```

源代码插入完成之后，设计测试用例，本案例中根据3个数的不同组合设计测试用例，具体见表4-9。

表4-9 测试用例

测试用例	测试数据	预期输出结果
T1	60,60,70	60
T2	60,70,80	70
T3	80,70,60	70
T4	80,80,80	80
T5	90,70,80	80
T6	80,90,60	80
T7	80,70,90	80

执行测试用例之后发现，T7结果与预期结果不一致。分析prop.txt文件和代码，发现程序中存在逻辑错误：只要输入的数据满足a[0]和a[2]大于a[1]且a[0]小于a[3]时，运行结果就会错误。

除了逻辑错误，源程序将程序执行的信息覆盖写入到了prop.txt文件中，这样在查看prop.txt文件时只能看到最近一次的执行过程，这违背了测试可溯源的原则。在修改代码逻辑错误时，同时修改prop.txt的写入方式为追加写入，修改后的代码如下所示：

```
1.  #include <stdio.h>
2.  #define  LINE() fprintf(__POINT__,"%3d",__LINE__)
3.  FILE *__POINT__;
4.  int i,mid,a[3];
5.  int main()
6.  {
7.      if((__PROBE__=fopen("test.txt","a+"))==NULL)
8.  fprintf(stderr,"不能打开test.txt文件");
9.  for(LINE(),i=0;i<3;LINE(),i++)
10. LINE(),scanf("%d",&a[i]);
11. LINE(),mid=a[2];
12. if(LINE(),a[1]<a[2])
```

```
13. {          if(LINE(),a[0]<a[1])
14. LINE(),mid=a[1];
15. else if(LINE(),a[0]<a[2])
16. if(a[0]<a[1])
17. LINE(),mid=a[1] ;
18.           else
19.                mid=a[0] ;     }
20. else{
21.              if(LINE(),a[0]>a[1])
22. LINE(),mid=a[1];
23. else if(LINE(),a[0]>a[2])
24. LINE(),mid=a[0];
25. }
26. LINE(),printf("中间值是：%d\n",mid);
27. fprintf(__POINT__,"\n");
28. fclose(__POINT__);
29. return 0;   }
```

项目小结

本项目主要介绍了白盒测试方法：逻辑覆盖法和程序插桩法。白盒测试只测试软件产品的内部结构和处理过程，而不测试软件产品的功能，用于纠正软件系统在描述、表示和规格上的错误，是进一步测试的前提。

白盒测试要求对某些程序的结构特性做到一定程度的覆盖，或者说是"基于覆盖的测试"，并以此为目标，朝着提高覆盖率的方向努力，找出那些已被忽略的程序错误。为了取得被测程序的覆盖情况，最为常用的方法是在测试前对被测程序进行预处理。预处理的主要工作是在其重要的控制点插入"探测器"——程序插桩。需要说明的是，无论是采用哪种测试方法，即使其覆盖率达到100%，都不能保证把所有覆盖的程序错误都揭露出来。比如程序本身逻辑有错误或者有遗漏，那白盒测试是无法发现错误的。

习 题

1. 什么是白盒测试？
2. 白盒测试有哪几种方法？
3. 简述白盒测试与黑盒测试的区别。

项目五
性能测试

项目导读

随着互联网技术的快速发展，软件产品已经应用到社会的各个行业领域，软件产品的应用加快了人们生活和工作的步伐，人们对软件产品和网络的依赖性也越来越大，对软件产品的性能也提出了越来越高的要求。随着软件系统越来越复杂，功能越来越强大，软件性能问题也逐渐暴露出来。本项目主要介绍性能测试的概念、指标、种类和流程，以及使用主流的性能测试工具进行负载测试。

项目目标

知识目标

◎ 了解性能测试的概念。

◎ 掌握性能测试的指标。

◎ 了解性能测试的种类。

◎ 掌握性能测试的流程。

◎ 掌握性能测试工具 JMeter 和 LoadRunner 的使用。

技能目标

◎ 能够根据性能测试需求确定性能测试的指标。

◎ 能够使用性能测试工具完成负载测试。

素养目标

◎ 养成规范编码的习惯。

◎ 培养自主探究的学习能力。

◎ 提高团队协作能力。

课前学习工作页

选择题

1. 在性能测试中，下列指标中（　　）不是性能测试的指标。
   A．响应时间　　　　　　　　B．吞吐量
   C．DPH　　　　　　　　　　D．并发用户数
2. 关于性能测试，下列说法中错误的是（　　）。
   A．性能测试可以发现软件系统的性能瓶颈
   B．性能测试通常需要对测试过程进行监控
   C．软件响应时间长属于性能问题
   D．性能测试可以发现软件功能方面的缺陷

任务一　初识性能测试

任务描述

小张同学发现在测试的过程中，当多人同时登录操作平台时，平台响应时间会变长，甚至出现卡顿现象，无法满足需求规格说明书中要求的当有5 000人同时登录时，平台响应时间不超过2 s。为了使软件的性能满足用户需求，需要对软件进行性能测试。本任务先来了解性能测试的一些基本概念。

任务实施

一、性能测试概述

小张同学：什么是性能测试？

师傅：性能测试的主要思想是通过模拟产生真实业务的压力对被测系统进行加压，验证被测系统在不同压力情况下的表现，找出其潜在的瓶颈。性能测试是通过性能测试工具模拟正常、峰值以及异常的负载条件，然后对系统的各项性能指标进行测试的活动。通过性能测试可以检验软件系统的性能是否达到用户期望的性能要求，发现软件的性能瓶颈，从而优化系统的性能。

近年来，随着互联网行业的快速发展，我国网民规模稳定增长。《中国互联网络发展状况统计报告（2023）》显示，截至2022年底，我国网民规模为10.67亿人，互联网普及率达到75.6%。随着人们对软件产品和网络的依赖性越来越大，对软件产品的性能也提出了越来越高的要求。软件产品已经应用到社会的各个行业领域，软件产品的应用加快了人们生活和工作的步伐。随着软件系统越来越复杂，功能越来越强大，软件性能问题也逐渐暴露出来。

近些年来，不乏由于软件系统的性能问题而引起严重后果的事件，如2015年11月11日的

"双十一网络购物节",淘宝支付系统被挤"瘫痪",导致很多用户支付失败。

出现这种情况,就是由于软件系统没有经过性能测试或性能测试不充分。由此可见,软件除了做功能测试,性能测试也是非常重要的。

性能测试是保证软件质量的一种重要手段,它从软件的响应速度、稳定性、兼容性、可移植性等方面检测软件是否满足用户需求。通俗地说,性能测试用于确保软件系统快速地完成任务。

二、性能测试的指标

小张同学:性能测试的指标有哪些呢?

师傅:检验软件系统的性能是否达到用户期望的要求,主要通过性能测试的指标来进行量化,如响应时间、吞吐量、并发用户数、资源利用率等。

1. 响应时间

响应时间(response time)是指从用户发送一个请求开始,到用户接收到服务器返回的响应数据所用的时间。

图5-1所示为一个http请求的响应过程。客户端发送一个http请求,http请求经过网络传送到Web服务器所用时间为T_1,Web服务器收到http请求后进行处理所用时间为B_1,如果需要操作数据库,http请求会再经过网络传送到数据库服务器所用时间为T_2,数据库服务器进行处理所用时间为B_2,数据库服务器将结果返回给Web服务器所用时间为T_3,Web服务器处理结果所用时间为B_3,Web服务器将结果返回到客户端所用时间为T_4。

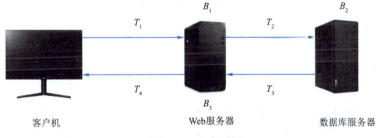

图 5-1 响应时间

HTTP请求的响应时间(response time)为$T_1+B_1+T_2+B_2+T_3+B_3+T_4$(网络传输时间+应用程序处理时间)。响应时间越短,表明软件的响应速度越快,软件的性能越好。

系统的响应时间会随着访问量的增加、业务量的增长等变长,一般在性能测试时,除了测试系统的正常响应时间是否达到要求之外,还会测试在一定压力下系统响应时间的变化。

2. 吞吐量

吞吐量(throughput)是指单位时间内系统处理用户请求的数量,用于衡量系统服务器的承载能力。度量的单位一般使用"请求数/秒",也可以使用"页面数/秒"表示。从业务角度来看,也可以使用"访问人数/天"或"业务数/天"作为单位。从网络的角度来看,还可以使用"字节数/小时"和"字节数/天"等衡量网络的流量。吞吐量越大,表示系统单位时间内处理请求的数量越大,系统的负载能力就越强。

吞吐量是衡量服务器承载能力的重要指标，是一般大型门户网站以及电子商务网站衡量自身负载能力的一个重要指标。

3. 并发用户数、在线用户数和系统用户数

（1）并发用户数：某一物理时刻同时向系统提交请求的用户数，提交的请求可能是同一个场景或功能，也可以是不同场景或功能。例如，1 000个用户同时点击"登录"按钮进行登录。软件在设计时必须要考虑并发访问的情况，测试工程师在进行性能测试时也必须进行并发访问的测试。并发用户数量越大，对系统性能的影响就越大，当并发用户数达到一定数量时，可能导致系统响应变慢，甚至系统不稳定、崩溃等现象。

（2）在线用户数：某段时间内访问系统的用户数，这些用户并不一定同时向系统提交请求。

（3）系统用户数：系统注册的总用户数据。

三者之间的关系：系统用户数≥在线用户数≥并发用户数。

4. 资源利用率

在做性能测试时，经常听到这样的要求："当1 000个用户同时访问时系统能够稳定运行，CPU利用率不超过75%，可用内存不低于75%，磁盘利用率不超过70%。"其中，"75%""75%""70%"就是资源的利用率。

资源利用率指的是对不同系统资源的使用程度，通常以占用最大值的百分比来衡量，包括CPU利用率、内存利用率、磁盘利用率等。

（1）CPU利用率：指用户进程与系统进程消耗的CPU时间百分比，长时间情况下，一般可接受上限不超过85%。

（2）内存利用率：内存利用率=（1-空闲内存）/总内存大小×100%，一般至少有10%可用内存，内存使用率可接受上限为85%。

（3）磁盘IO：磁盘主要用于存取数据，因此当说到IO操作的时候，就会存在两种相对应的操作，存数据的时候对应的是写IO操作，取数据的时候对应的是读IO操作，一般使用% Disk Time（磁盘用于读写操作所占用的时间百分比）度量磁盘读写性能。

资源利用率通常和其他指标相结合，如响应时间、虚拟用户数等来分析定位系统的瓶颈。通常，不同行业的系统对系统资源的利用率要求不同，以实际需求为准。

5. 其他常用概念

（1）TPS：表示服务器每秒处理的事务数，是衡量系统处理能力的一个非常重要的指标。

（2）思考时间：用户每个操作后的暂停时间，或者叫操作之间的间隔时间，此时间内是不对服务器产生压力的。在实际操作中，操作之前都会有停顿。思考时间主要是为了模拟真实的操作而产生的。在模拟真实场景的性能测试时，建议使用思考时间。

（3）点击率：是指每秒用户向Web服务器提交的HTTP请求数。这个指标是Web应用特有的一个指标，Web应用是"请求-响应"模式，用户发出一次申请，服务器就要处理一次，所以点击率是Web应用能够处理的交易的最小单位。如果把每次点击定义为一个交易，点击率和TPS就是一个概念。容易看出，点击率越大，对服务器的压力越大。点击率只是一个性能

参考指标，重要的是分析点击时产生的影响。需要注意的是，这里的点击并非指鼠标的一次单击操作，因为在一次单击操作中，客户端可能向服务器发出多个HTTP请求（包括页面元素如图片、超链接等的请求）。

三、性能测试的种类

小张同学：性能测试种类有哪些呢？

师傅：性能测试的覆盖面很广，一般情况下系统的性能包括响应时间、资源利用率、安全性、兼容性、可靠性、稳定性等。性能测试主要是通过性能测试工具模拟正常、峰值以及异常的负载条件，然后对系统的各项性能指标进行测试。性能测试主要包括基准测试、负载测试、压力测试、并发测试、稳定性测试等。

性能测试种类

1. 基准测试

基准测试是一种测量和评估软件性能指标的活动。通过基准测试建立一个已知的性能水平（称为基准线），当系统的软硬件环境发生变化之后再进行基准测试以确定哪些变化对系统性能的影响。当为系统创建性能基准后，基准数据作为性能指标的参照物，可用于判断任意一项变更对系统性能带来的具体影响。

基准测试的用途：

（1）了解系统性能基准作为参考物。

（2）识别系统或环境的配置变化对系统性能带来的影响。

（3）为系统优化前后的性能提供参考指标。

（4）观察系统的整体性能趋势与拐点，及时识别系统性能风险。

2. 负载测试

负载测试是通过逐步增加系统负载，测试系统性能的变化，并在满足最终确定性能指标的情况下，系统所能承受的最大负载量的测试。比如期望的响应时间为1 s，不断增加系统的访问人数，在人数为9 000时，系统的响应时间仍为1 s，当人数超过10 000时，系统的响应时间变慢为2 s，系统所能承受的最大负载量为10 000。

3. 压力测试

压力测试是通过逐步增加系统负载，测试系统性能的变化，并最终确定在什么负载下系统性能处于失效状态，并以此来获得系统能提供的最大服务级别的测试。例如测试一个Web站点，经过不断加压判断出达到多少用户并发的时候服务响应失效。

评价的性能指标，如响应时长、事务处理速度等。压力测试的目的是发现在什么条件下系统的性能变得不可接受，发现应用程序性能下降的拐点。如当系统的访问人数为20 000人，系统崩溃，此时最大压力值为20 000。

4. 并发测试

并发测试主要指当测试多用户并发访问同一个应用、模块或数据时是否产生隐藏的并发问题，如内存泄露、线程锁、资源争用问题，几乎所有的性能测试都会涉及并发测试。测试目的并非为了获得性能指标，而是为了发现并发访问引起的问题。并发测试通常借助于测试工具的虚拟用户模拟真实用户实现并发操作。

5. 稳定性测试

稳定性测试是指在给系统加载一定业务压力的情况下,使系统运行一段时间,以此检测系统是否稳定。

任务二　掌握性能测试流程及常用工具

任务描述

小张同学初次接触性能测试,为了保证测试工作有条不紊的进行,同时提高测试的效率,需要了解性能测试的流程及常用的性能测试工具如JMeter、LoadRunner。

任务实施

一、性能测试流程

视频
性能测试流程

小张同学:在进行性能测试时,应遵循的测试流程是什么?

师傅:性能测试和功能测试测试的目标不同,测试流程也有所不同,性能测试的流程为:性能测试需求分析—制定性能测试计划—设计性能测试用例—编写性能测试脚本—执行性能测试—性能测试结果分析—编写性能测试报告。

1. 性能测试需求分析

性能测试需求分析是进行性能测试的前提。在性能测试需求分析阶段,测试人员通过与研发人员进行沟通,以及阅读项目的相关资料,对整个项目系统有一定了解,确定是否需要做性能测试,如果需要做性能测试,要根据系统的用户、业务关系等进一步确定测试点和性能指标以及需要满足的性能测试指标标准。比如,为提高用户的体验感,需要测试系统的响应时间、并发数、吞吐量等性能指标,要求5 000个用户同时访问时,系统响应时间不超过1 s。

2. 制订性能测试计划

测试计划是整个测试工作的重中之重,后期性能测试的执行都是按照测试计划进行的,主要包括:①测试环境的配置——包括硬件环境和软件环境(所使用的测试工具);②测试指标验收的标准——确定期望的响应时间、吞吐量等指标;③测试场景设计——设计符合用户使用的场景;④测试数据的准备,比如测试并发性,设置的测试数据可以是1 000,也可以是10 000。

3. 设计性能测试用例

根据测试场景准备测试数据。

4. 编写性能测试脚本

通过编写测试脚本来模拟虚拟用户的操作步骤,执行脚本自动完成性能测试,提高测试执行的效率。

5. 执行性能测试

在测试过程中，要对测试过程进行监控，监测系统各项数据的变化。比如性能指标的变化、资源的占用和释放等。通过监控数据的变化及时调整系统配置和程序参数等，使测试的结果和预期保持一致。

6. 性能测试结果分析

测试人员通过对测试执行过程各种数据进行整理和分析，看是否与期望的性能测试指标一致，若不满足，进行系统调优，重新进行测试，直到满足性能测试指标。

7. 编写性能测试报告

性能测试完成之后，要编写性能测试报告。性能测试报告是性能测试的里程碑，通过报告展示出性能测试的最终成果，展示系统性能是否符合需求，是否有性能隐患。性能测试报告主要包括性能测试的目标、性能测试的环境、性能测试用例、性能测试脚本、性能测试的结果，以及在性能测试过程中遇到的问题、解决的方法等。性能测试不是一次就能完成，对一次测试不满足期望的性能指标进行优化之后，及对遇到的问题解决之后，都还需要再次进行测试。对每次测试的报告都要进行保存备案，作为后期测试的基准线。

二、性能测试工具

小张同学：常用的性能测试工具有哪些呢？

师傅：为了提高性能测试的效率，人们开发了很多性能测试的工具，有收费的也有免费的。一款好的性能测试工具不仅可以提高测试的效率，还可以为发现缺陷提供重要依据。性能测试工具的主要作用是通过模拟生产环境中的真实业务操作，对被测试系统实行压力负载测试，监视被测试系统在不同业务场景、不同压力情况下的性能表现。在软件测试日常工作中，人们用得比较多的性能测试工具有JMeter和LoadRunner。

视频

性能测试工具

（一）JMeter简介

JMeter是由Apache公司开发和维护的一款基于Java的开源免费的性能测试工具。相比LoadRunner而言，JMeter小巧轻便且免费，安装简单，并且支持二次开发，逐渐成为了主流的性能测试工具，是每个测试人员都必须要掌握的工具之一。JMeter以Java作为底层支撑环境，最初被设计用于Web应用测试使用，但随着发展逐步扩展到了其他领域，如今JMeter被用于性能测试。对于Web服务器（支持浏览器访问），不建议使用JMeter，因为JMeter的线程组都是线性执行的，与浏览器相差很大，测试结果不具有参考性。JMeter可用于静态资源和动态资源的测试，可用于模拟服务器和服务器组、网络或对象上的重负载，以测试其强度，分析不同负载类型下的整体性能。

1. JMeter的工作原理

JMeter的工作原理是通过创建线程组模拟多个虚拟用户向服务器发送请求，检测服务器响应返回情况，如并发用户数、响应时间、资源占用情况等，以此检测系统的性能。一个线程组可以设置多个线程，每个线程就是一个虚拟用户，这些线程相互独立，互不影响。虚拟用户向服务器发送一个请求，JMeter称之为一次采样，这个操作由采样器来完成。

2. JMeter 工具常用组件

（1）测试计划（test plan）：一个脚本即是一个测试计划，也是一个管理单元。

（2）线程组（thread group）：性能测试需要模拟大量用户负载的情况，线程组就是用来完成这个工作的。线程就是虚拟用户。

（3）采样器（sampler）：采样器是JMeter主要执行组件，它用来模拟用户操作，向服务器发送一个请求并记录响应信息，包括成功/失败、响应时间、数据大小等。JMeter支持多种不同的采样器，可根据设置的不同参数向服务器发送不同类型的请求（HTTP、FTP、TCP等）。

（4）逻辑控制器（logic controller）：用于控制采样器的执行顺序。与采样器结合使用可以模拟复杂的请求序列。常用的逻辑控制器有IF Controller、While Controller、Runtime Controller、事务控制器、随机控制器、交替控制器、吞吐量控制器、模块控制器等。

（5）配置元件（config element）：配置元件可用于设置默认属性和变量等数据，供采样器获取所需要的各种配置信息。一般配置元件放在请求开始前，会影响其作用范围内的所有元件。

（6）前置处理器（perprocessors）：在实际的请求发出之前进行特殊的处理，在其作用范围内的每一个采样器元件之前执行，比如参数化。

（7）定时器（timer）：思考时间，控制线程请求之间的间隔时间以减少服务器压力，对其作用范围内的每一个采样器有效。

（8）后置处理器（post processors）：一般放在采样器之后，用来处理采样器发出请求后服务器返回的结果，在其作用范围内的每一个采样器元件之后执行，比如关联。

（9）断言（assertion）：检查点，用于检查测试得到的数据是否符合预期的结果，对其作用范围内的每一个采样器元件执行后的结果执行校验。常用的断言有：响应断言、XML断言、HTML断言、XPath断言。

（10）监听器（listener）：用于监听测试结果。此外，监听器还具备查看、保存和读取测试结果的功能，比如查看结果树、聚合报告等。

使用JMeter进行性能测试时，在线程组中设置好相关参数，并通过配置元件、前置处理器、定时器、断言等组件设置其他的参数信息，然后使用采样器发送请求，通过后置处理器、断言、监听器等组件分析查看测试结果。

3. JMeter 的特点

优势：

（1）可对任何数据库进行压力测试（通过JDBC）。

（2）纯Java开发，可移植性强。

（3）轻量组件支持包（预编译的JAR使用javax.swing.*）。

（4）多线程（多个线程并发或通过单独的线程组对不同功能同时操作）。

（5）计时精确。

（6）缓存和离线分析，回放测试结果。

（7）完全开源，可对JMeter进行二次开发，增加业务对应所需的插件。

不足：

（1）录制功能操作不方便。需要使用第三方工具Badboy或使用HTTP代理录制。

（2）报表类型少，场景设计比LoadRunner复杂。

（3）不支持进程模式。

（4）大并发时的结果不准确。

（二）LoadRunner简介

LoadRunner最初是由Mercury公司开发的一款性能测试工具之一，2006年被惠普（HP）公司收购，此后，LoadRunner就成为了HP公司重要的产品之一。HP LoadRunner是目前应用最广泛的性能测试工具之一，市场占有率在60%以上，号称"工业标准级"性能测试工具。LoadRunner是一款适用于各种体系架构的性能测试工具，能支持广泛的协议和技术，能预测系统行为并优化系统性能，为测试提供特殊的解决方案，其工作原理是通过模拟一个多用户（虚拟用户）并行工作的环境来对应用程序进行负载测试。在进行负载测试时，LoadRunner能够使用最少的硬件资源为模拟出来的虚拟用户提供一致的、可重复并可度量的负载，在测试过程中实时监控用户想要的数据和参数。测试完成，LoadRunner可以自动生成分析报告，给用户提供软件产品所需要的性能信息。LoadRunner能最大限度地缩短测试时间，优化性能并加速应用系统的发布周期。

1. LoadRunner 的特点

相比于其他性能测试工具，LoadRunner主要有以下特点：

（1）广泛支持业界标准协议。

（2）支持多种平台开发的脚本。

（3）能创建真实的系统负载。

（4）有强大的实时监控与数据采集功能。

（5）可以精确分析结果，定位问题所在。

（6）完整的企业应用环境支持。

2. LoadRunner 的三个模块

LoadRunner工具主要由三个模块组成，分别是虚拟用户生成器（virtual user generator，简写为VuGen）、控制器（controller）和分析器（analysis），既可以作为独立的工具完成各自的功能，又可以作为LoadRunner的一部分彼此衔接，与其他模块共同完成软件性能的整体测试。

（1）VuGen。LoadRunner是通过多个虚拟用户在系统中同时工作或访问系统的环境来进行性能测试的，虚拟用户进行的操作通常被记录在虚拟用户脚本中，而VuGen就是用于创建虚拟用户脚本的工具，因此它也被称为虚拟用户脚本生成器。

在创建脚本时，VuGen会生成多个函数，用于记录虚拟用户所执行的操作，并将这些插入到VuGen编辑器中，生成基本的虚拟用户脚本，这个创建脚本的过程也叫作录制脚本。例如，有一款软件产品基于数据库服务器，所有用户的信息都保存在数据库中，当用户查询信息时，整个查询过程可分为以下几个操作：

① 登录软件。

② 连接到数据库服务器。

③ 提交SQL查询。

④ 检索并处理服务器响应。

⑤ 与服务器断开连接。

VuGen会监控上述操作，并以代码的形式将这几个操作记录下来，生成一个脚本文件。当执行该脚本文件时，可以自动执行上述操作，即自动执行登录查询操作。在录制期间，VuGen会监控虚拟用户的行为，并跟踪用户发送到服务器的所有请求以及从服务器接收到的所有应答。

（2）Controller。Controller用于创建和控制LoadRunner场景，场景负责定义每次测试中发生的事件，包括模拟的用户数、用户执行的操作以及测试要监控的性能指标等。在场景运行期间，LoadRunner会自动收集服务器软件和硬件相关的数据，并保存这些数据。

以VuGen中所举的软件产品为例，用户可以登录软件查询个人信息，如果全国各地的用户都要查询信息，那么软件可以承受多大的负载?这就需要进行负载测试，例如使用100个用户同时执行查询操作并观察软件的运行情况，这就是一个场景，这个场景可以使用Controller定义。设置100个虚拟用户，让这100个虚拟用户同时执行VuGen录制的查询操作脚本，这就相当于让100个用户同时执行查询操作，在场景运行期间添加响应时间、并发用户数等性能指标，监控这些指标的变化，检查服务器的可靠性及负载能力。

（3）Analysis。Analysis是LoadRunner的数据分析工具，它可以收集性能测试中的各种数据，对其进行分析并生成图表和报告供测试人员查看。LoadRunner提供了丰富的图表对收集的数据进行有效的分析。

关于LoadRunner的安装以及这三个工具的使用，后面会进行详细讲解，在这里读者对LoadRunner以及这三个工具有一个整体的认识即可。

3. LoadRunner中常用的一些术语

（1）场景（scenario）：即测试场景，在LoadRunner的Controller部件中，可以设计与执行用例的场景，设置场景的步骤主要包括：在Controller中选择虚拟用户脚本、设置虚拟用户数量、配置虚拟用户运行时的行为、选择负载发生器（load generator）、设置执行时间等。

（2）负载发生器（load generator）：用来产生压力的机器，受Controller控制，可以使用户脚本在不同的主机上执行。在性能测试工作中，通常由一个Controller控制多个load generator以对被测试系统进行加压。

（3）虚拟用户（virtual user/vuser）：对应于现实中的真实用户，使用LoadRunner模拟的用户称为虚拟用户。性能测试模拟多个用户操作可以理解为这些虚拟用户执行脚本，以模拟多个真实用户的行为。

（4）虚拟用户脚本（vuser script）：通过virtual user generator录制或开发的脚本，这些脚本用来模拟用户的行为。

（5）事务（transaction）：测试人员可以将一个或多个操作步骤的集合定义为一个事务，可以通俗地理解事务为"人为定义的一系列请求（请求可以是一个或者多个）"。在程序上，事务表现为被开始标记和结束标记圈定的一段代码区块。LoadRunner根据事务的开头和结尾标记，计算事务响应时间、成功/失败的事务数。

（6）思考时间（think time）：请求间的停顿时间。实际中，用户在进行一个操作后往往会停顿一下然后再进行下一个操作，为了更真实地模拟这种用户行为而引进该概念。在虚拟用户脚本中用函数lr_think_time()来模拟用户处理过程中的停顿，执行该函数时用户线程会按照相应的时间值进行等待。

（7）集合点（rendezvous）：设集合点是为了更好地模拟并发操作。设了集合点后，运行过程中用户可以在集合点等待，直到满足一定条件后再一起发送后续的请求，实现实际应用中的并发现象。集合点通常和事务结合起来使用，一般设在某个事务开始之前，只能插入到action部分中，在vuser_init和vuser_end中不能插入集合点。集合点在虚拟用户脚本中对应函数lr_rendezvous()。

（8）事务响应时间：事务响应时间是一个统计量，是评价系统性能的重要参数。定义好事务后，在场景执行过程和测试结果分析中即可以看到对应事务的响应时间。通过对关键或核心事务的执行情况进行分析，以定位是否存在性能问题。

（9）规划测试：确定测试需求，如并发用户数量、典型业务场景流程、测试计划、设计用例等。

（10）参数化：是为了模拟实际情况，例如，登录时需要输入用户名和密码，在录制脚本时只能输入一个合法的用户名和密码，如果在脚本场景中需要200个用户登录，就需要有200个用户名和密码，这时就需要将用户名和密码参数化。

（11）关联：关联就是把脚本中某些静态数据转换成读取服务器返回的动态的数据。

与JMeter相比，LoadRunner好用且功能强大，但是LoadRunner是收费的，并且不是开源的。在性能测试过程中，LoadRunner的录制功能、环境调试功能与JMeter都存在一定差距，JMeter的报表相对较少，结果分析也没有LoadRunner详细。总之，JMeter和LoadRunner各有优势与不足，大家在测试时可以根据自己的需要进行选择。

任务三　使用性能测试工具JMeter完成负载测试

任务描述

JMeter是性能测试常用的测试工具之一，使用JMeter可以进行负载测试，检验软件性能是否满足用户要求。本任务将使用性能测试工具JMeter完成负载测试。

任务实施

一、JMeter 环境配置

小张同学：如何搭建JMeter负载测试环境呢？

师傅：搭建JMeter负载测试环境，这里所使用的软件及版本是Apache-JMeter-5.4.1和JDK-8u172-windows-x64。

视频

JMeter 负载测试环境搭建

1. 安装 JDK

由于JMeter是基于Java开发的，所以在安装Apache-JMeter-5.4.1之前需要先安装JDK。

（1）解压下载好的JDK压缩包，得到JDK的安装包，如图5-2所示。

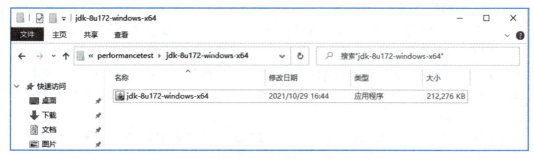

图 5-2 JDK 解压压缩包

（2）双击jdk-8u172-windows-x64.exe，进入安装向导，如图5-3所示。

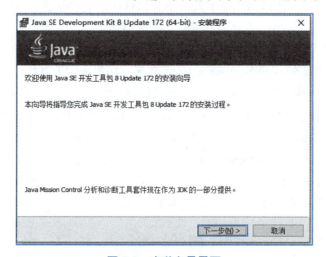

图 5-3 安装向导界面

（3）单击"下一步"按钮，进入定制安装界面，如图5-4所示。

图 5-4 定制安装界面

选择JDK的安装目录，默认安装在C盘，可以单击"更改"按钮改变安装目录。

（4）单击"下一步"按钮，开始安装JDK，进入安装进度界面，如图5-5和图5-6所示。

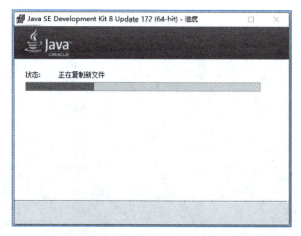

图 5-5　JDK 安装进度界面

图 5-6　JDK 安装过程

（5）安装成功如图5-7所示，单击"关闭"按钮。

图 5-7　JDK 安装完成

（6）按【Win+R】组合键，在弹出的"运行"对话框中输入"cmd"，单击"确定"按钮打开命令行窗口，在命令行窗口中输入"java -version"并回车，测试是否安装成功，如图5-8所示。

图 5-8 测试 JDK 安装成功

显示当前安装的Java版本信息，表示已经安装成功了。

2. 安装 JMeter

（1）到官网下载Apache-JMeter-5.4.1，如图5-9所示。

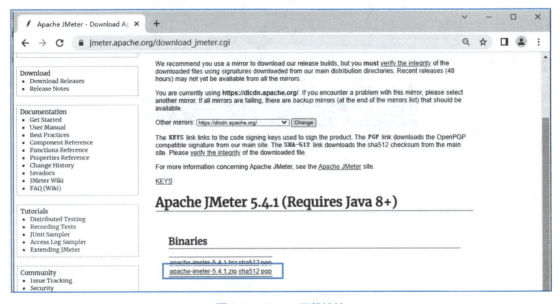

图 5-9 JMeter 下载地址

（2）安装JMeter。JMeter的安装过程非常简单，直接解压压缩包即可完成安装。

双击JMeter解压路径bin（apache-jmeter-5.4.1\bin）下面的jmeter.bat，启动JMeter，JMeter界面主要由是菜单栏、工具栏、计划树形标签栏和编辑区等组成，如图5-10所示。

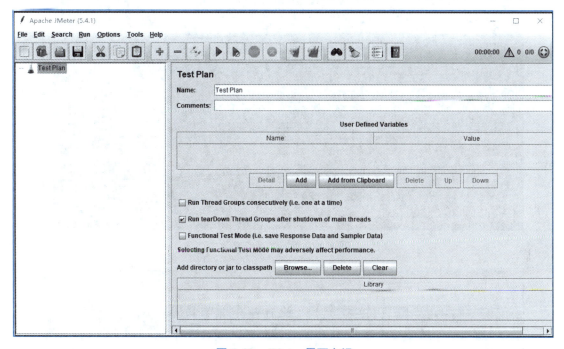

图 5-10　JMeter 界面介绍

3. 安装航班订票系统 WebTours

本任务测试采用LoadRunner自带的航班订票系统WebTours，安装之后用户可以在本地访问网站，进行登录、预定机票、查询订单、改签机票等操作。具体安装步骤如下：

（1）下载Web Tours文件，如图5-11所示。

图 5-11　Web Tours 文件夹

（2）双击安装Strawberry-Perl-5.10.1.0.msi软件。

（3）打开WebTours→conf→httpd.conf文件，将第171行前的#去掉：ServerName localhost:1080。

（4）双击打开WebTours→StartServer.bat文件，运行本地服务器，如图5-12所示（注意：打开之后在使用期间不要关闭）。

（5）打开浏览器，在地址栏中输入：http://localhost:1080/WebTours/，打开航班订票系统首页，如图5-13所示。

软件测试技术

图 5-12　运行本地服务器

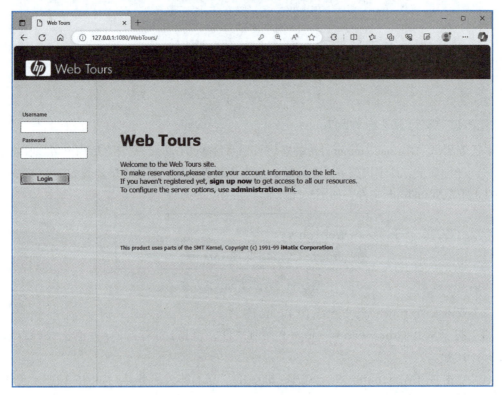

图 5-13　航班订票系统首页

（6）在Web Tours项目默认设置里，登录操作是没有生成sessionID的，所以需要设置一下，让自带程序登录时验证sessionID，单击图5-13中的administration，打开Administration Page界面，如图5-14所示。勾选Set LOGIN form's action tag to an error page.选项，将网页设置为需要验证登录，单击Update按钮。

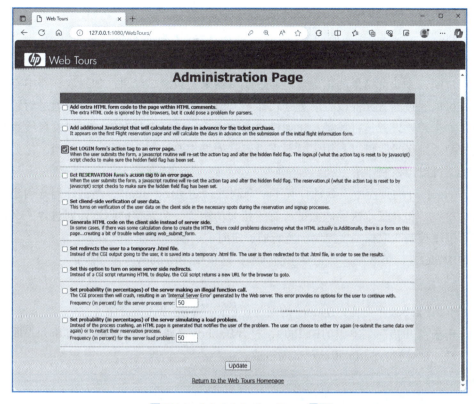

图 5-14　Administration Page 界面

（7）网站默认的用户名"jojo"，密码为"bean"，也可以单击图5-13中sign up now注册新的用户，注册用户页面如图5-15所示。

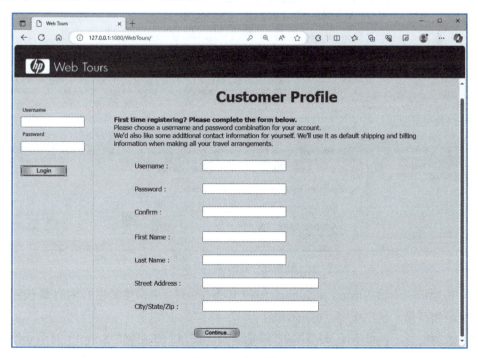

图 5-15　注册界面

二、JMeter 负载测试

小张同学：JMeter的工作原理是什么呢？使用JMeter如何进行负载测试呢？

师傅：JMeter的工作原理是建立一个线程池，多线程运行取样器产生大量负载，在运行过程中通过断言来验证结果的正确性，通过监听器来记录测试结果。如果取样器中有参数化的需求，可以通过配置元件或者前置处理器来完成。如果有关联需求，可以通过后置处理器来完成。如果想要设置运行场景，比如模拟多少用户、运行多长时间，可以设置线程组。如果想要模拟并发场景，可以利用定时器来设置。如果想要控制业务的执行逻辑，比如登录只运行一次，可以用控制器来完成。

在JMeter打开的页面中，默认打开了一个测试计划（test plan），测试计划是创建测试任务的最大单位，包含了本次性能测试所有的相关功能，一个完整的测试计划包含一个或多个线程组、逻辑控制、取样发生控制、监听器、定时器、断言和配置元件。

使用JMeter进行负载测试首先要录制脚本，这里使用Badboy来录制脚本。

1. 录制脚本

（1）下载Badboy并安装，Badboy的安装比较简单，这里不再介绍。

（2）单击"开始"菜单中的Badboy，打开Badboy，如图5-16所示。Badboy界面由菜单栏、工具栏、地址栏、Script和显示区等组成。

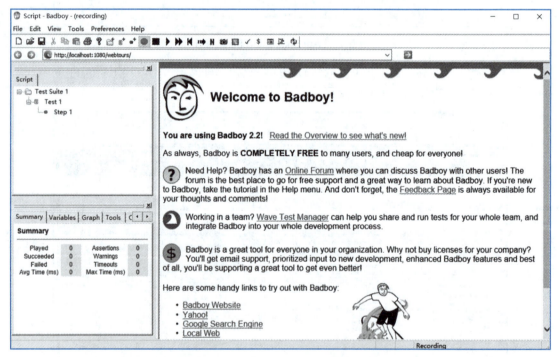

图 5-16　Badboy 界面

（3）在地址栏中输入http://localhost:1080/WebTours/，单击地址栏右侧的 ➡ 按钮开始录制。这里录制登录、预定航班、退出操作。

（4）录制完成后，单击工具栏中的"停止录制"按钮。在左侧的Script中显示录制完成的脚本，如图5-17所示。

项目五 | 性能测试

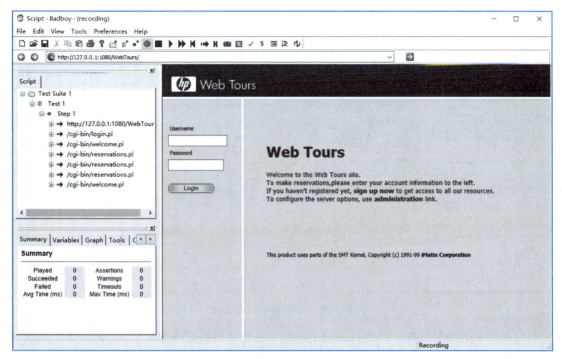

图 5-17 录制完成的 Badboy 界面

（5）选择File→Export to JMeter命令，将导出的脚本保存，文件扩展名为.jmx。

2. 回放、关联

在JMeter中打开Badboy录制的脚本，并进行回放。

（1）打开脚本。选择File→Open命令，弹出Open对话框，如图5-18所示。

视 频

JMeter 录制
回放关联
脚本

图 5-18 Open 对话框

选中录制好的脚本文件，单击Open按钮，即可在JMeter中打开脚本，如图5-19示。

95

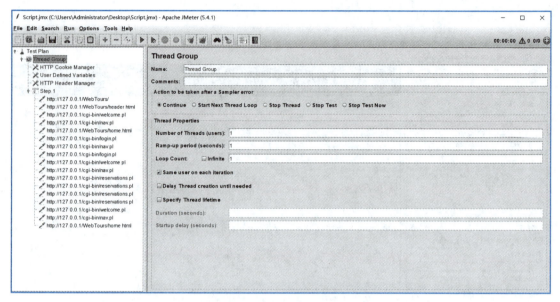

图 5-19　JMeter 打开的脚本

（2）添加查看结果树。右击Thread Group，在弹出的快捷菜单中选择 Add→Listener→View Result Tree命令。

（3）回放脚本。单击工具栏中的▶按钮，回放脚本。

回放结束，单击View Result Tree，如图5-20所示，在第六个请求的响应中，显示"You've reached this page incorrectly(probably a bad user session value)"，表示脚本没有回放成功。同时，登录WebTours，查看Itinerary，没有增加新的航班（Flights），也说明脚本回放没有成功。

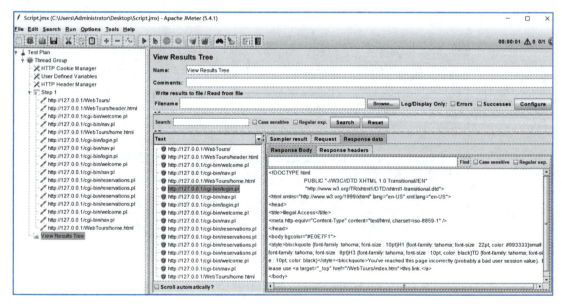

图 5-20　View Result Tree

在View Result Tree的第四个请求中，如图5-21所示，查看从服务器返回的数据中包含一个userSession值,这个值是登录成功后服务器返回的值,用以区分不同的用户,后面用户再向服务器发送请求时,要连同该值一起发送给服务器,因此需要关联服务器返回的值。用户每次登录成功,服务器返回的值都是不一样的。

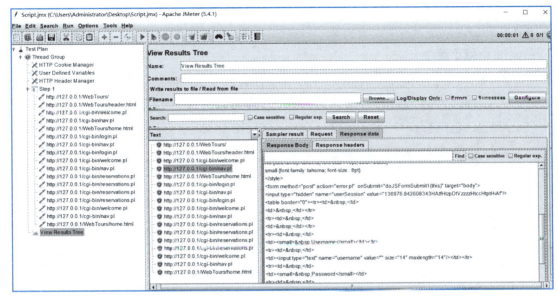

图 5-21 View Result Tree 请求

登录成功后从服务器返回的userSession的值的代码如下:

```
<input type="hidden" name="userSession" value="132679.32709599zictzQcpii HftAQtipVfHDcf"/>
```

首先获取服务器的返回值,右击,选择Add→Post Processors→Boundary Extractor命令,如图5-22所示。

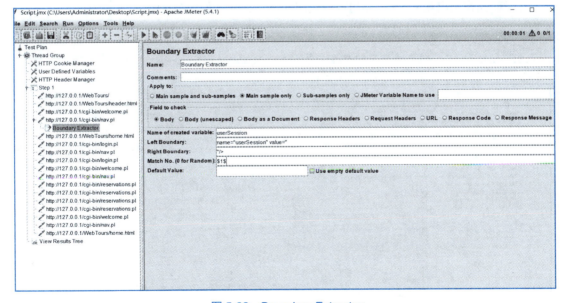

图 5-22 Boundary Extractor

设置参数名称、参数值的左边界和右边界，Match No.设置为1，取第一次出现的值。

（4）设置关联，在后面操作的请求中所有出现userSession值的地方，都用刚刚定义的变量${userSession}替换。

（5）再次回放脚本。登录WebTours，查看Itinerary，增加了一条新的航班（Flights），说明回放成功了。

3. 用户定义变量

选择左侧的User Defined Variables，在右侧的User Defined Variables界面中单击Add按钮，添加变量username和password，值分别为jojo和bean，如图5-23所示。

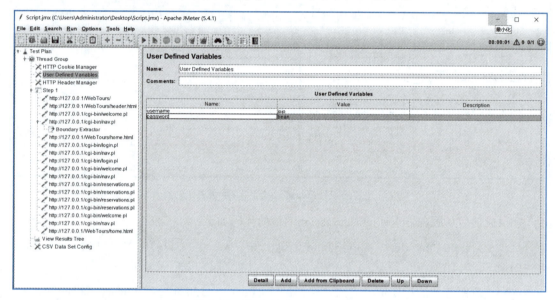

图 5-23　User Defined Variables

在下面操作中出现jojo和bean的地方使用变量名替换，如图5-24所示。

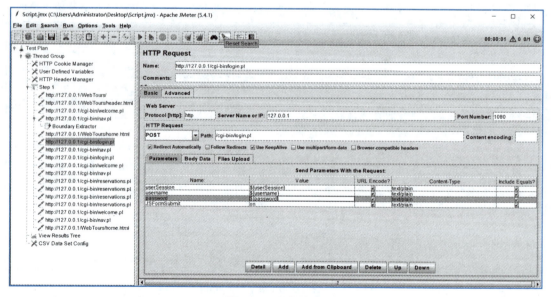

图 5-24　替换变量

4. 动态参数化

性能测试需要并发多个用户，为了模拟真实用户行为，我们需要模拟多个不同账号，这时就需要参数化。可以使用读取文件的方式，添加多个动态参数到测试中，JMeter会随机使用我们的数据进行测试。

JMeter 动态参数化

右击Thread Group，在弹出的快捷菜单中选择Add→Config Element→CSV Data Set Config命令，如图5-25所示。CSV文件数据如图5-26所示。

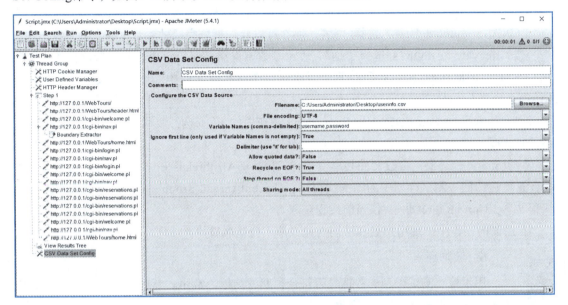

图 5-25　CSV Data Set Config

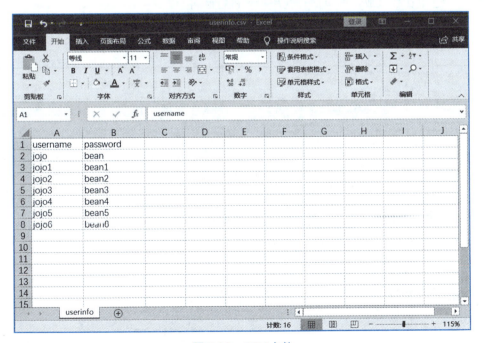

图 5-26　CSV 文件

图5-25中各选项说明如下：

（1）Filename：引用文件地址，可以是相对路径也可以是绝对路径，单击Browse按钮可以选择文件。

（2）File encoding：设置文件编码格式，推荐使用UTF-8格式。

（3）Variable Names：定义参数名称，用逗号隔开，将会与文件中的参数对应。

（4）Ignore firsy line：如果第一行为字段，忽略第一行。

（5）Delimiter：文件中参数之间的分隔符，默认为逗号。

（6）Allow quoted data?：选择"是"，那么可以允许拆分完成的参数里面有分隔符出现。

（7）Recycle on EOF?：选择"是"，表示参数文件循环遍历；否，表示参数文件遍历完成后不循环（JMeter在测试执行过程中每次迭代会从参数文件中新取一行数据，从头遍历到尾）。

（8）Stop thread on EOF?：与 Recycle on EOF中的 False选择复用；是，停止测试；否，不停止测试。

（9）Sharing mode：参数文件共享模式有三种，即All threads——参数文件对所有线程共享，这就包括同一测试计划中的不同线程组，Current thread group——只对当前线程组中的线程共享，Current thread——仅当前线程获取。

在后面的操作中出现用户名和密码的地方使用变量名替换。

视 频

JMeter 断言

5. 添加断言

用于检查测试得到的数据是否符合预期的结果。常用的断言有：响应断言、XML断言、HTML断言、XPath断言。

这里在登录成功的页面查找用户名进行断言。

（1）右击登录成功的请求，选择Add→Assertions→Response Assertion命令，如图5-27。

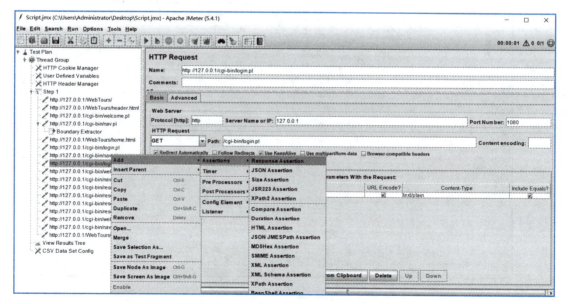

图 5-27　添加 Response Assertion 断言

（2）弹出Response Assertion页面，在页面中添加检验的搜索词，添加${username}，如图5-28所示。

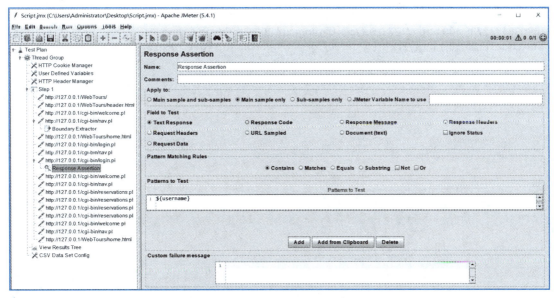

图 5-28　Response Assertion 页面

（3）添加断言结果，右击对应请求，选择Add→Listener→Assertion Results命令，如图5-29所示。回放成功的时候将结果写到对应的文件中，如图5-30所示。

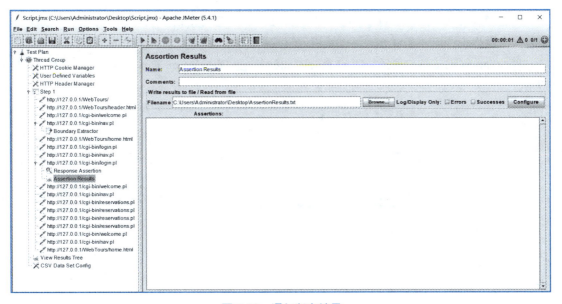

图 5-29　添加断言结果

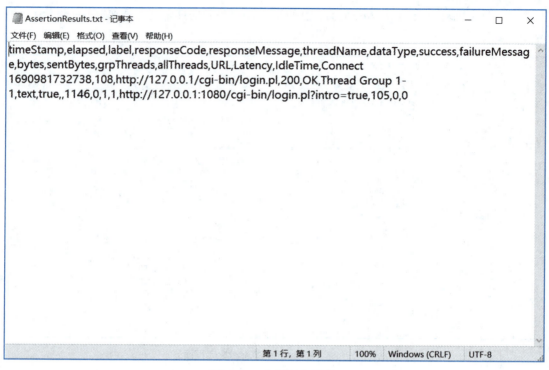

图 5-30 查看断言结果

6. 添加事务控制器

性能测试的一个指标是TPS（每秒事务数）。JMeter把每个请求统计成一个事务，如果希望将多个操作统计成一个事务，可以使用逻辑控制器中的事务控制器来完成。

右击Thread Group，选择Add→Logic Controller→Transaction Controller命令，如图5-31所示。

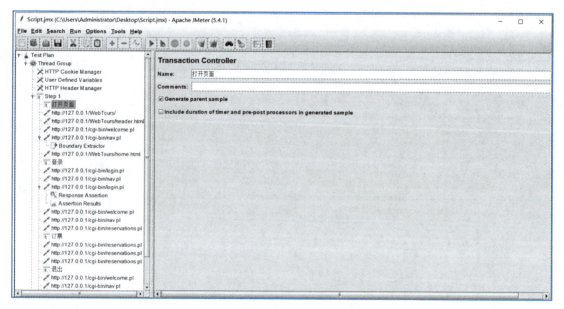

图 5-31 Transaction Controller

（1）Generate parent sample：如果事务控制器下有多个取样器（请求），勾选它，那么在"查看结果树"中不仅可以看到事务控制器，还可以看到每个取样器；并且事务控制器定义的事务是否成功是取决于子事务是否都成功的，其中任何一个失败即代表整个事务失败。

（2）Include duration of timer and pre-postprocessors in generated sample：是否包括定时器、预处理和后期处理延迟的时间。

7. 设置集合点

为了模拟大量用户的并发效果，可以在脚本中设置集合点，让虚拟用户在同一时刻执行操作，在JMeter中通过添加同步点定时器可以实现。

右击Thread Group，选择Add→Timer→Synchronizing Timer命令，插入定时器，如图5-32所示。在Grouping中可以设置同步的线程数量。

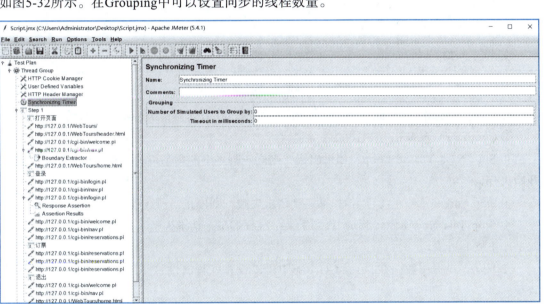

图 5-32 Synchronizing Timer

8. 添加监听器

性能测试的主要任务是获取运行状态、收集测试结果，测试响应时间、吞吐量及服务器硬件性能（CPU、内存、磁盘等）、JVM使用情况、数据库性能状态等。JMeter中使用监听器元件收集取样器记录的数据并以可视化的方式来呈现。JMeter有各种不同的监听器类型，我们可以添加聚合报告，更为直观地查看测试结果，即右击Thread Group，选择Add→Listener→Aggregate Report"命令。

9. 场景设计（设置线程组）

场景是用来模拟真实用户操作的工作单元，场景设计源自用户真实操作，JMeter场景主要通过线程组设置来完成，如图5-33所示。

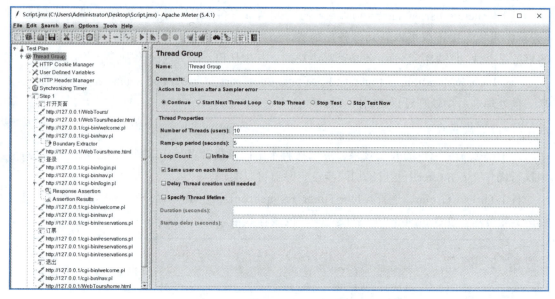

图 5-33　JMeter 设置线程组属性

（1）设置 Action to be taken after a Sampler error（在取样器错误后要执行的动作）：

① Continue（继续）：请求出错后继续运行。

② Start Next Thread Loop：如果出错，则同一脚本中的剩余请求将不再执行，直接重新开始执行。

③ Stop Thread（停止线程）：如果遇到请求失败，则停止当前线程，不再执行。

④ Stop Test Now（停止测试）：如果某一线程的某一请求失败了，则停止所有线程，也就是停止整个测试。

（2）设置线程属性。在 Thread Group 中可以设置线程属性：循环的测试和并发的线程数量。

① Number of Threads lusers（线程数）：用于设置虚拟用户数。一个虚拟用户占用一个进程或线程。设置多少虚拟用户数在这里也就是设置多少个线程数。

② Ramp-Up period（seconds）（准备时长）：用于设置虚拟用户全部启动所用的时间。如果线程数为 100，准备时长为 10，那么需要 100 个线程在 10 s 内全部启动，也就是每秒启动 10 个线程。

③ Loop Count（循环次数）：用于设置每个线程发送请求的次数。如果线程数为 10，循环次数为 100，那么每个线程发送 100 次请求。总请求数为 10×100=1 000。如果勾选了"Infinite"（永远），那么所有线程会一直发送请求，直到选择停止运行脚本。

④ Delay Thread creation until needed：延迟线程的创建直到需要时。

⑤ Specify Thread lifetime（调度器）：设置线程组启动的开始时间和结束时间。

- 持续时间（秒）：测试持续时间。当设置持续时间时，结束时间将会无效，即持续时间的优先级要高于结束时间。
- 启动延迟（秒）：测试延迟启动时间。当设置启动延迟时，开始时间将会无效，即延迟时间的优先级要高于启动时间。

- 启动时间：测试启动时间。启动延迟会覆盖它。当启动时间已过，手动测试时，当前时间也会覆盖它。
- 结束时间：测试结束时间，持续时间会覆盖它。

10. 分析测试报告

选择菜单栏中的Run→Start命令执行测试。性能测试执行完成后，打开聚合报告可以看到，如图5-34所示。

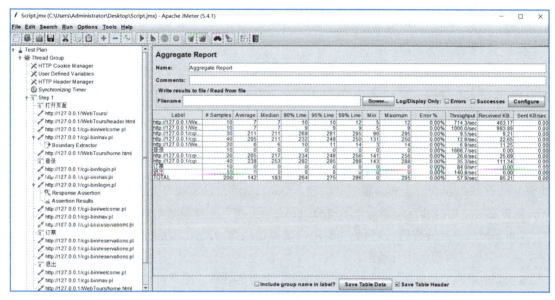

图5-34 查看聚合报告

聚合报告各项说明如下：

（1）Label：请求类型。

（2）#Samples：请求数，表示这次测试中一共发出了多少个请求，如果模拟10个用户，每个用户迭代10次，那么这里显示100。

（3）Average：请求（事务）平均响应时间——默认情况下是单个Request的平均响应时间，当使用了Transaction Controller时，以Transaction为单位显示平均响应时间。

（4）Median：响应时间中位数。

（5）90% Line：90%事务的响应时间。

（6）Min：请求最小响应时间。

（7）Max：请求最大响应时间。

（8）Error%：错误率，即错误请求数/请求总数。

（9）Throughput：吞吐量，默认情况下表示每秒完成的请求数（Request per Second），当使用了Transaction Controller时，也可以表示类似LoadRunner的Transaction per Second数。

（10）KB/Sec：每秒从服务器端接收到的数据量，相当于LoadRunner中的Throughput/Sec。

一般而言，性能测试中需要重点关注的数据有：#Samples（请求数）、Average（平均响应时间）、Min（最小响应时间）、Max（最大响应时间）、Error%（错误率）及Throughput（吞吐量）。

在性能测试过程中,我们往往需要将测试结果保存在文件中,这样既可以保存测试结果,也可以为日后的性能测告提供更多的素材。

扩展阅读

1. HTTP请求默认值(HTTP Request Defaults)

一般来说,服务器名称或IP是不变的,端口也是不变的。如果每个请求都要写一遍(如果是手动开发脚本),工作量会比较大。JMeter也考虑了这方面的工作量,提供了HTTP请求默认值这样一个元件,让我们能够把重复的内容分离出来,只需要定义一次就够了。

2. HTTP 信息头管理器

HTTP信息头管理器可以设定JMeter发送的HTTP请求头所包含的信息。HTTP信息头中包含有User-Agent、Pragma、Referer等属性。尽可能放在线程组一级。除非因为某些原因,测试人员希望不同的HTTP请求使用不同的HTTP信息头。

3. HTTP Cookie 管理器

Cookie是储存在用户本地终端上的数据,通常情况下,当用户结束浏览器会话时,系统将终止所有的Cookie。当Web服务器创建了Cookies后,只要在有效期内,用户访问同一个Web服务器时,浏览器首先要检查本地的Cookie,并将其原样发送给Web服务器。

Cookies最典型的应用1:判断注册用户是否已经登录网站,用户可能会得到提示,是否保留用户信息以便简化登录操作。

Cookies最典型的应用2:商城的"购物车"之类的处理。用户可能会在一段时间内同一家网站的不同页面中选择不同的商品,这些信息都会写入Cookies,以便在最后付款提取信息。

4. HTTP 请求

在Thread Group上右击,选择Add→Sampler→HTTP Request命令,如图5-35所示。

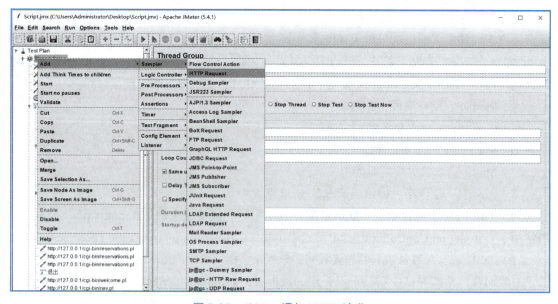

图 5-35　JMeter 添加 HTTP 请求

在HTTP Request中添加相关参数，如图5-36所示。

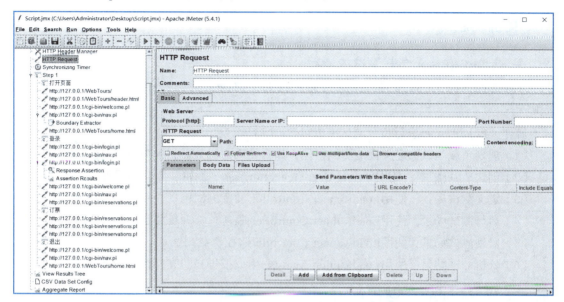

图 5-36　JMeter 设置 HTTP 相关参数

HTTP请求参数：

（1）Web Server：

① Server Name or IP：HTTP请求发送的目标服务器名称或IP，这里为"localhost"或"127.0.0.1"。

② Port Number（端口号）：目标服务器的端口号，默认值为80。

③ Protocol（协议）：向目标服务器发送HTTP请求协议，可以是HTTP或HTTPS，默认为HTTP。

（2）HTTP Request：

① 方法：发送HTTP请求的方法，可用方法包括GET、POST、HEAD、PUT、OPTIONS、TRACE、DELETE等。

② Path：目标URL路径（URL中去掉服务器地址、端口及参数后剩余部分）。

③ Content encoding：编码方式，默认为ISO-8859-1编码，这里配置为UTF-8。

④ Send Parameters With the Request（同请求一起发送参数）：在请求中发送的URL参数，用户可以将URL中所有参数设置在本表中，表中每行为一个参数（对应URL中的name=value），注意参数传入中文时需要勾选"编码"。这里添加一个参数${wd}，值为JMeter性能测试。

任务四　使用性能测试工具 LoadRunner 完成负载测试

任务描述

LoadRunner也是性能测试常用的测试工具，其测试产生的测试报告更为详细。本任务将使用性能测试工具LoadRunner完成负载测试。

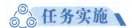 任务实施

一、LoadRunner 负载测试的流程

小张同学：使用LoadRunner进行负载测试和使用JMeter进行负载测试的流程有什么不同呢？

师傅：LoadRunner进行负载测试一般包含6个阶段。

（1）规划负载测试：定义性能测试指标，如并发用户的数量、期望响应时间。

（2）创建Vuser脚本：使用Virtual User Generator录制、编辑和完善测试脚本。

（3）定义测试场景：使用LoadRunner Controller 设置测试场景。

（4）运行测试场景：使用LoadRunner Controller 驱动、管理负载测试。

（5）监视测试场景：使用LoadRunner Controller监控负载测试。

（6）分析测试结果：使用LoadRunner Analysis生成报告和图表并评估性能。

二、LoadRunner 环境配置

小张同学：如何搭建LoadRunner负载测试的环境？

师傅：LoadRunner有很多版本，本书采用的是LoadRunner12.55版本。

1. 下载 LoadRunner

在LoadRunner官网上下载12.55_Community_Edition和LoadRunner自带航空订票系统。

2. 安装 LoadRunner

（1）双击安装文件"HPE LoadRunner 12.55 Community Edition.exe"解压安装程序，弹出路径选择对话框，如图5-37所示。

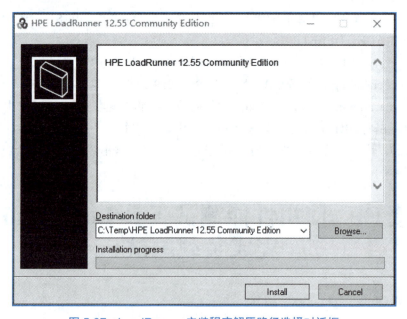

图 5-37　LoadRunner 安装程序解压路径选择对话框

（2）单击Browse按钮可以选择目标文件夹位置，选择好目标文件夹位置后，单击Install按钮，如图5-38所示。

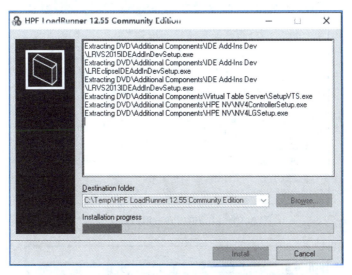

图5-38　LoadRunner 安装程序解压过程

（3）LoadRunner安装程序解压完成，弹出安装向导对话框，如图5-39所示，选择LoadRunner。

图5-39　LoadRunner 安装向导

（4）单击"下一步"按钮，弹出用户许可协议界面，如图5-40所示，勾选所有选项。

（5）单击"下一步"按钮，弹出安装程序目标文件夹界面，如图5-41所示，默认的安装路径在C盘，单击"更改"按钮可以设置程序的安装路径。

（6）单击"下一步"按钮，弹出已准备安装LoadRunner的界面，如图5-42所示。

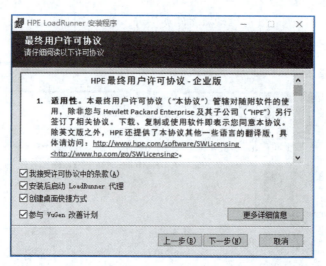

图 5-40　LoadRunner 用户许可协议

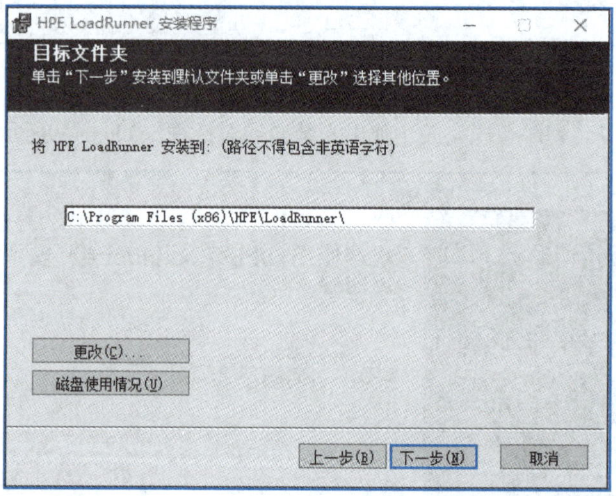

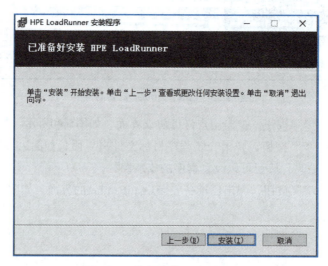

图 5-41　选择安装目录

图 5-42　准备安装 LoadRunner

（7）单击"安装"按钮，弹出正在安装LoadRunner的界面，如图5-43所示。安装过程会持续一段时间。

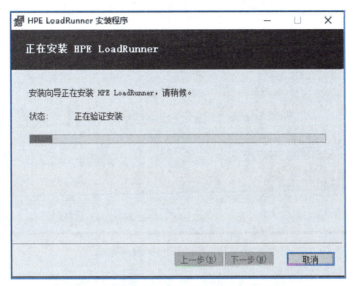

图 5-43　安装过程

（8）安装过程完成后，进入身份验证设置界面，如图5-44所示，取消勾选"指定LoadRunner代理将要使用的证书。"复选框。

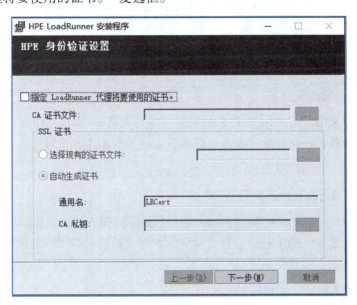

图 5-44　身份验证设置

（9）单击"下一步"按钮，弹出LoadRunner安装已完成的界面，如图5-45所示。
（10）单击"完成"按钮完成安装。

安装完成之后，会在桌面上出现三个图标，如图5-46所示，分别是Virtual User Generator、Controller、Analysis。

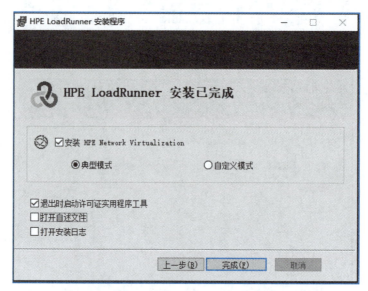

图 5-45 LoadRunner 安装完成

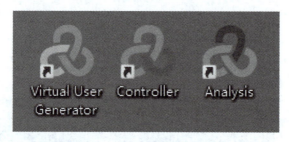

图 5-46 LoadRunner 桌面图标

3. 航班订票系统的安装

本任务测试仍采用LoadRunner自带的航班订票系统WebTours，用户可以在本地打开网站，登录、预定机票、查询订单、改签机票等。系统的安装在本项目任务三中已介绍，这里不再介绍。

三、LoadRunner 负载测试

· 视 频 ·
LoadRunner
录制回放
脚本

小张同学：如何使用LoadRunner进行负载测试呢？

师傅：使用LoadRunner进行负载测试首先需要录制脚本，然后优化脚本，设置场景，运行脚本，并对结果进行分析。

（一）使用VuGen录制脚本

（1）双击打开Virtual User Generator，弹出首页，如图5-47所示。

（2）选择菜单栏中的File→New Script and Solution命令创建项目，弹出Create a New Script对话框，如图5-48所示。

航空订票系统采用的是单协议Web（HTTP/HTML），这里选择图5-48中的Single Protocol→Web（HTTP/HTML），输入脚本的名称、存储路径、项目名称等信息，也可以使用默认的值。

项目五 | 性能测试

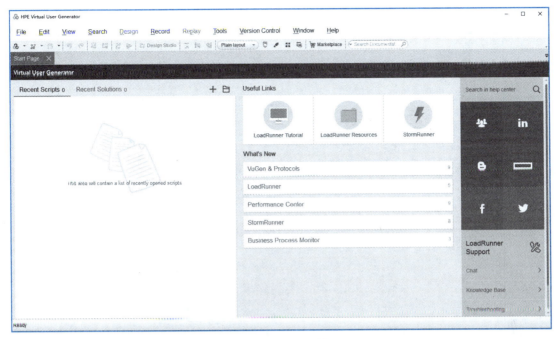

图 5-47　VuGen 首页

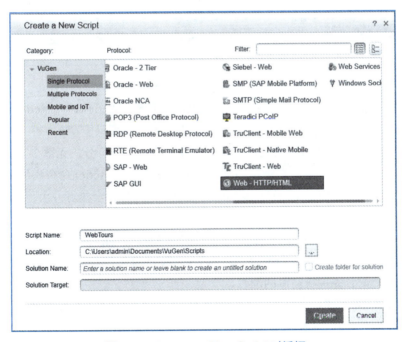

图 5-48　Createa a New Script 对话框

　　选择的协议要与测试项目所用的协议保持一致。对于常用的应用软件，可以根据被测应用是B/S结构还是C/S结构来选择协议。如果是B/S结构，就要选择Web（HTTP/HTML）协议。如果是C/S结构，则可以根据后端数据库的类型来选择，如：MS SQL Server协议用于测试后台数据库为SQL Server的应用；对于没有数据库的Windows应用，可以选择Windows Sockets协议。如果对项目所使用的协议不清楚，可以与开发人员联系确认。

（3）单击Create按钮，项目创建成功，如图5-49所示。

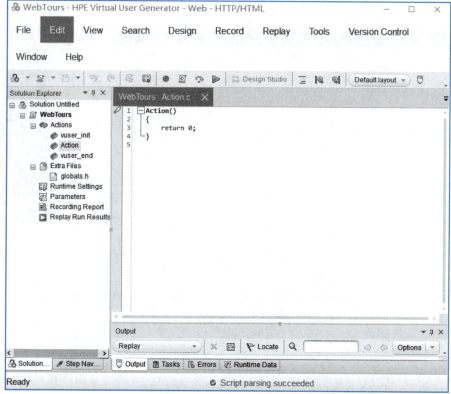

图5-49　项目创建成功

在图5-49中，左侧是项目列表，VuGen录制的脚本存放在Actions中，Actions包含三部分：Vuser_init、Action、Vuser_end。其中Vuser_init和Vuser_end都只能存在一个，分别用于存放测试之前的初始化操作和测试结束之后的回收工作，而Action可分成无数多个部分，用于存放测试的操作过程。也可以通过右击Actions，选择Create New Action命令添加Action。

在迭代执行测试脚本时，Vuser_init和Vuser_end中的内容只会执行一次，Action部分内容会被迭代执行多次。

（4）选择菜单栏中的Record→Record命令，打开Start Recording对话框，如图5-50所示。选择的协议不同，打开的窗口就会不同，实例是针对Web录制的对话框。

在开始录制之前，先进行简单的配置。

① Action selection。Record into action选择Action，将录制的脚本存放在Action中。

② Recording mode，设置录制类型。Record选择Web Browser浏览器录制。Application选择所用的浏览器。URL address用于设置所要测试的项目的URL地址，这里为http://127.0.0.1:1080/WebTours/。

③ Settings用于设置录制方式。Start Recording有两个值，分别是Immediately（立即开始录制）和In delayed mode（延迟录制）；Working directory表示脚本录制的目录。

④ 单击Recording Options按钮，进入录制选项设置，弹出Recording Options对话框，如图5-51所示。

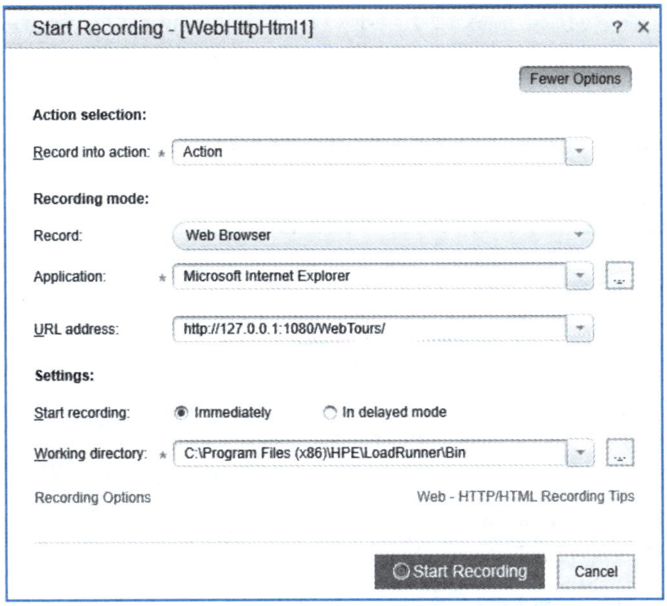

项目五 | 性能测试

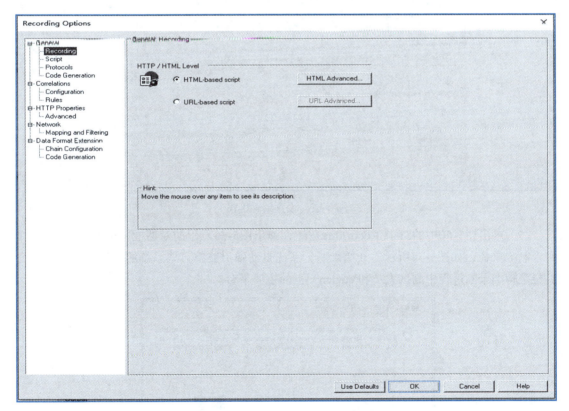

图 5-50　Start Recording 对话框

图 5-51　Recording Options 对话框

一般要设置以下选项：

在General中选择Recording，基于浏览器的应用程序推荐使用HTML-based script。不是基于浏览器的应用程序推荐使用URL-based script。基于浏览器的应用程序中包含了

115

JavaScript，并且该脚本向服务器发送了请求，比如DataGrid的分页按钮等，推荐使用URL-based script。基于浏览器的应用程序中如果使用了HTTPS安全协议，建议使用URL-based script。航空订票系统是基于HTML的，这里选择HTML-based script。

单击选择HTTP Properties的Advanced，弹出HTTP Properties：Advanced对话框，如图5-52所示，将编码格式设置为UTF-8，单击OK按钮。

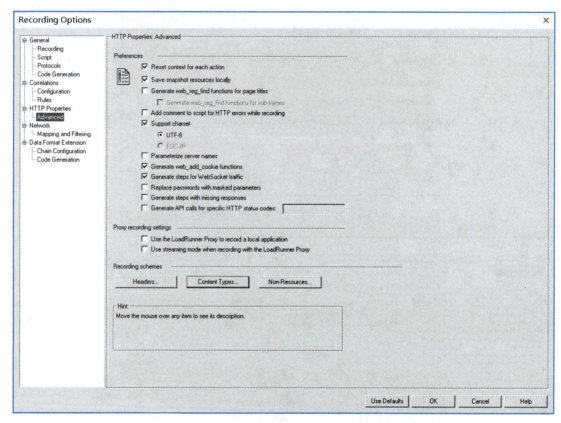

图 5-52　设置编码格式

（5）单击图5-50中的Start Recording按钮，弹出图5-53所示的对话框，单击Yes按钮，弹出录制工具栏，如图5-54所示，开始录制，系统自动弹出航空订票系统的登录界面。录制工具栏是脚本录制过程中测试人员和VuGen交互的主要平台。

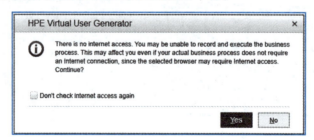

图 5-53　HPE Virtual User Generator 对话框

图 5-54　录制工具栏

在录制的过程中，操作的每一个步骤都被记录。录制完成后单击"停止"按钮，LoadRunner会生成一个录制报告（Recording Report），如图5-55所示。

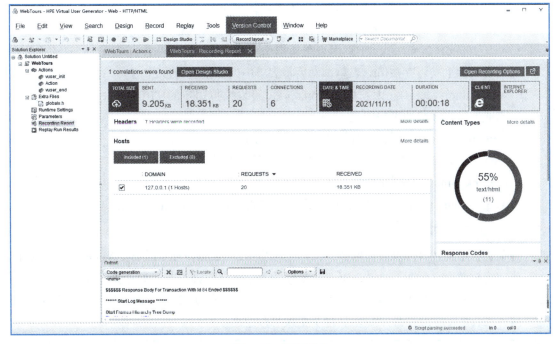

图 5-55　录制报告

在Action中生成录制脚本，生成的脚本如图5-56所示。

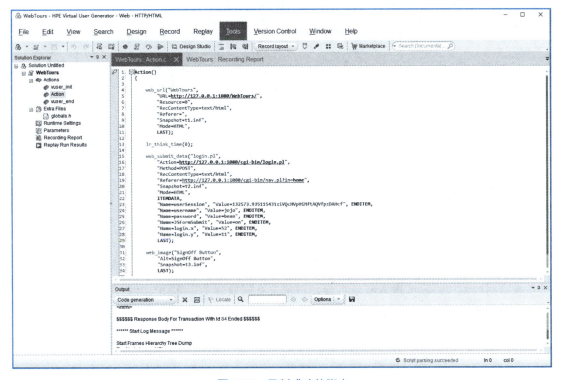

图 5-56　录制成功的脚本

完成录制后，脚本通常会包含web_url()等函数。Vuser Script脚本中常用函数有：

- web_url()：根据函数中的URL属性加载对应的URL，可以模拟用户的HTTP Get请求（注：选中函数名，按【F1】键可以进去函数页面）。
- web_add_cookie()：负责为Vuser脚本添加一个Cookie信息。
- web_submit_form()：基于页面表单模拟用户的HTTP Post请求。该函数会自动检测在当前页面上是否存在form表单，然后将表单中的数据进行传送。
- web_submit_data()：无须页面form支持就可以模拟用户的HTTP Post请求。处理无状态或上下文无关的表单提交。
- web_image()：模拟鼠标在指定图片上的单击动作。
- Web_reg_find()：在Web页面中搜索文本字符串的请求。
- lr_think_time()：思考时间。
- web_custom_request()：可以模拟用户的HTTP Get以及Post请求。

（二）回放脚本

脚本录制完成之后可以进行回放，选择菜单栏中的Replay→Run命令，VuGen自动执行脚本回放。回放结束会弹出一个Result Sumarry页面。录制的脚本有一处错误，如图5-57所示，在代码的第34行调用web_image( )函数读取"退出"按钮对应的图片时，图片读取失败，可能是网页加载缓慢导致图片未显示。这个错误可以忽略。

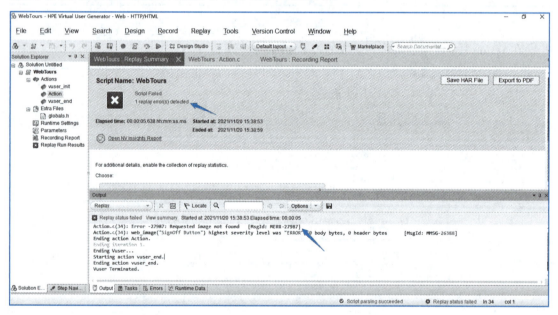

图 5-57　脚本回放结果

查看回放窗口，没有进入登录页面，显示没有回放成功，如图5-58所示，提示可能是因为session的值，通常sessionID信息是动态的，在回放的时候，我们要进行关联。

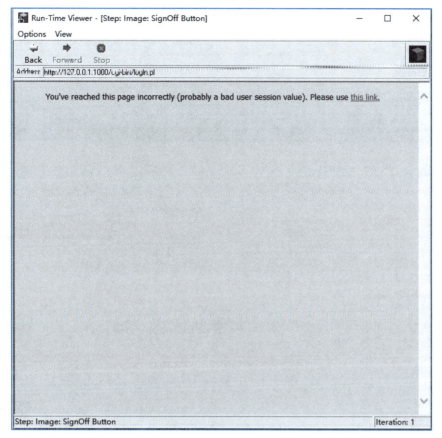

图 5-58　回放页面失败

（三）设置关联

关联的含义是在脚本回放过程中，客户端发出请求，通过关联函数所定义的左右边界值（也就是关联规则），在服务器所响应的内容中查找，得到相应的值，以变量的形式替换录制时的静态值，从而向服务器发出正确的请求，最典型的是用于sessionID。如常见的系统登录功能，在登录后服务器会返回SeesionID，登录后的操作都需要提交该SessionID以确认身份。使用VuGen录制脚本时，将会记录服务器返回的SessionID并在下一个请求中发给服务器。等到回放脚本时，服务器会在接收到用户名密码后返回新的SessionID，而脚本仍然发送旧的SessionID给服务器，最终导致脚本回放失败。

视频

LoadRunner
关联

LoadRunner有两种关联方式：

1. 自动关联

自动关联是通过对录制和回放时的服务器返回信息进行比较，自动查找变化的内容，确定需要关联的内容，然后帮助生成对应的关联函数。对于大多数脚本回放失败的情况，都可以通过自动关联来解决。

选择菜单栏中的Design→Design Studio命令，打开Design Studio对话框，在LoadRunner12.55中已经列出需要关联的数据，如图5-59所示，下方高亮显示的就是需要关联的值。

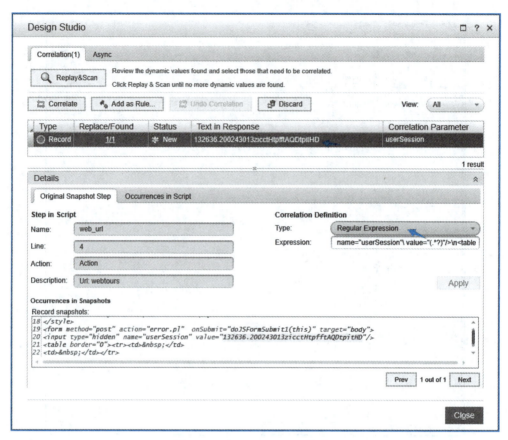

图 5-59 Design Studio 对话框

选中要关联的数据，设置关联规则，在Correlation Definition中选择Type的值为Regular Expression，单击Correlate按钮，发现Correlation Parameter下面的参数发生了变化，如图5-60所示，表示关联成功。

单击Close按钮，Action.c脚本中多了一段脚本：

```
web_reg_save_param_regexp(
    "ParamName=CorrelationParameter",
    "RegExp=name=\"userSession\"\\ value=\"(.*?)\"/>\\\n<table\\ border",
    SEARCH_FILTERS,
    "Scope=Body",
    "IgnoreRedirections=No",
    "RequestUrl=*/nav.pl*",
    LAST);
```

同时web_submit_data()中的userSession的value值也用参数CorrelationParameter代替了。

```
"Name=userSession", "Value={CorrelationParameter}", ENDITEM,
```

关联完成后，再次回放脚本，回放成功，如图5-61和图5-62所示，回放结束退出登录，返回登录页面。

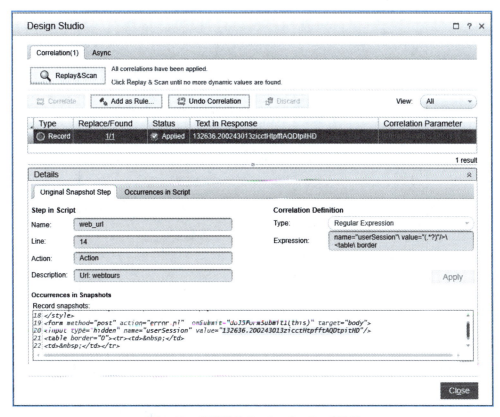

图 5-60　关联后的 Design Studio 对话框

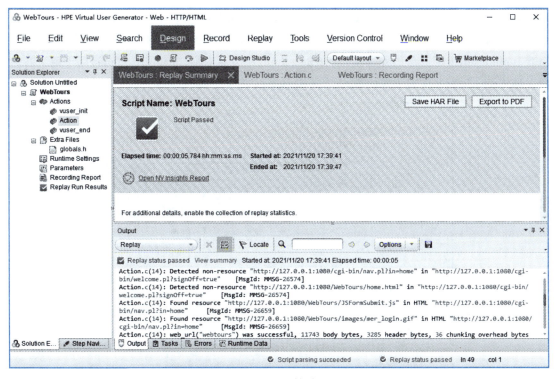

图 5-61　回放结果

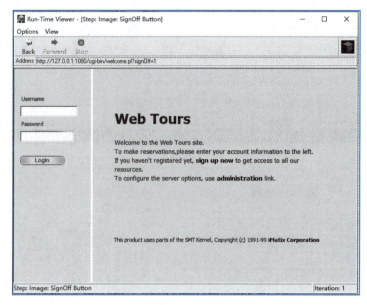

图 5-62　成功退出

2. 手动关联

自动关联有很大的局限性，无法识别特殊的动态数据，需要手动关联。首先用同一个用户名和密码、录制两个相同操作的脚本，对比两个脚本的不同之处，找出需要关联的数据。lr_think_time( )这个不考虑。发现userSession的值是不同的，对userSession进行手动关联。在需要关联的地方右击，选择Insert→New step命令，在右侧弹出Steps Toolbox，输入查找web_reg_save_param( )，使用web_reg_save_param()函数获取userSession值进行关联，双击该函数，弹出Save Data to a Parameter对话框，如图5-63所示，Parameter Name用于定义参数名称，Left Bounday用于定义左边界，输入userSession值左边界内容，Right Bounday用于定义右边界，输入userSession值右边界内容。

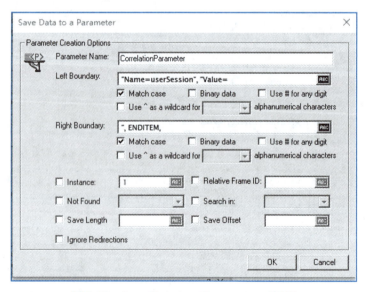

图 5-63　Save Data to a Parameter 对话框

单击OK按钮，在脚本中插入如下代码：

```
web_reg_save_param("CorrelationParameter",
    "LB"="Name=userSession", "Value=",
    "RB=", ENDITEM,",
    LAST);
"Name=userSession", "Value={CorrelationParameter}", ENDITEM,
```

在后面使用userSession值的地方也用参数CorrelationParameter代替。

（四）设置检查点

运行测试时，常常需要验证某些内容是否出现在返回的页面上，即检查页面上是否出现期望的信息。可通过设置检查点进行检测，比如，登录成功显示成功页面中的某些文本内容，如果没有出现说明登录失败。检查分为检查图片和检查文本。这里以检查文本为例。

在需要插入检查点的地方右击，选择Insert→New step命令，在右侧弹出Steps Toolbox，输入查找web_reg_find( )，如图5-64所示。web_reg_find要放在实际操作的前面。

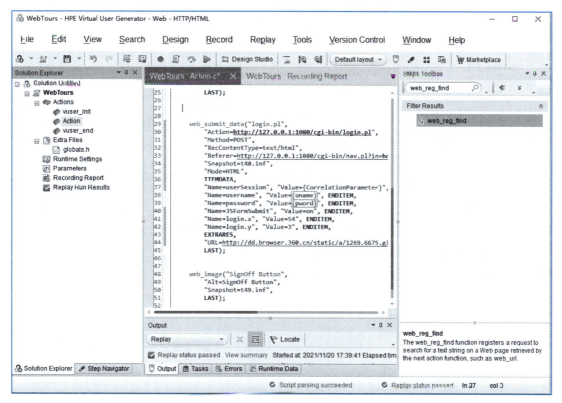

图 5-64　设置检查点

双击web_reg_find，弹出Find Text对话框，如图5-65所示。

（1）Search for specific Text：单击输入框右边的按钮，选择用户名变量uname。因为在WebTours登录成功的页面中有Welcome, jojo, to the Web Tours reservation pages.，检查点函数会帮助我们找出服务器返回的页面中是否存在需要查找的用户名，以确定是否登录成功。

（2）Search for Text by start and end of string：通过左右边界查找内容，输入登录成功后

用户名左右两边的内容。

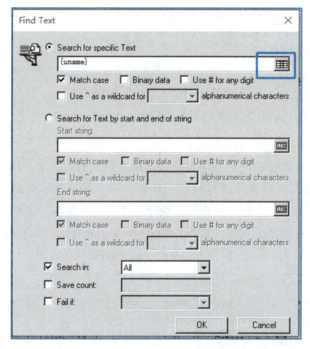

图 5-65　Find Text 对话框

（3）Search in：在服务器返回的那部分数据中查询。提供了all、headers、body三个选项。检查的内容一般存放在body。

（4）Save count：设置期望查找内容出现次数并且存到一个参数中，这里可以填写一个参数名称来存放计数结果。

（5）Fail if：什么情况下检查点函数错误，提供了两个选项——Found和Not Found。如果选择Found，也就是说如果在服务器返回中存在我们需要检查的对象，那么检查点函数出错。选择Not Found则相反，就是没有找到对应的内容，那么检查点函数出错。检查点函数的错误会导致整个脚本运行结果有误，通过检查点函数可以方便地定位脚本运行中的错误。

单击OK按钮，在脚本中增加一行代码。

```
web_reg_find("Search=All",
    "Text={uname}",
    LAST);
```

如果没有在登录成功的页面中找到登录的用户名，检查点函数报错，脚本停止运行。

（五）脚本参数化

● 视　频
LoadRunner
参数化

参数化的作用是在进行场景执行的时候，每个不同的虚拟用户可以按照参数的读取策略读取到参数值，以模拟不同用户提交时读取不同的数据。

一般情况下，系统不允许多个相同的用户对完全相同的数据做完全相同的操作，比如我们的QQ账号，不允许同一个账号在多处进行登录，再比如，注册一个系统账号，用户名是不能重复的，但是密码可以相同，这些情况都需要用到参数化。

每个用户在界面上读取和提交的信息都不太相同，因此一般都需要参数化，其他与输入信息对应的比如用户ID之类的信息也需要参数化；另外，录制环境绝大多数情况下与执行环境不一致，因此一般需要对IP、端口或者域名做参数化。

打开脚本后，首先要确定哪些常量需要参数化。为实现不同的用户进行登录，需要对用户名和密码进行参数化设置，即username（账号）和password（密码）。下面对图5-64中部分代码参数化进行说明，为了方便阅读，部分代码展示如下：

```
web_submit_data("login.pl",
"Action=http://127.0.0.1:1080/cgi-bin/login.pl",
"Method=POST",
"RecContentType=text/html",
"Referer=http://127.0.0.1:1080/cgi-bin/nav.pl?in=home",
"Snapshot=t48.inf",
"Mode=HTML",
ITEMDATA,
"Name=userSession", "Value={CorrelationParameter}", ENDITEM,
"Name=username", "Value=jojo", ENDITEM,
"Name=password", "Value=bean", ENDITEM,
"Name=JSFormSubmit", "Value=on", ENDITEM,
"Name=login.x", "Value=54", ENDITEM,
"Name=login.y", "Value=3", ENDITEM,
EXTRARES,
"URL=http://dd.browser.360.cn/static/a/1269.6675.gif?t=22828&m=f41176463c3deeb2a662220e5bb8ec8b&__referer=0", ENDITEM,
LAST);
```

（1）选中"jojo"右击，在弹出的快捷菜单中选Replace with Parameter→Create New Parameter命令，如图5-66所示。

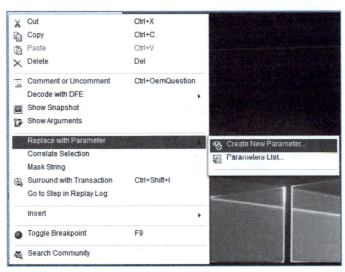

图 5-66　创建新参数

弹出"Select or Create Parameter"对话框，如图5-67所示。

定义参数名称为uname，参数类型有很多种，这里选择File，参数值保存在uname.dat文件中。单击Properties按钮，弹出Parameter Properties对话框，如图5-68所示。

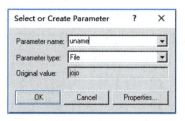

图 5-67　Select or Create Parameter 对话框

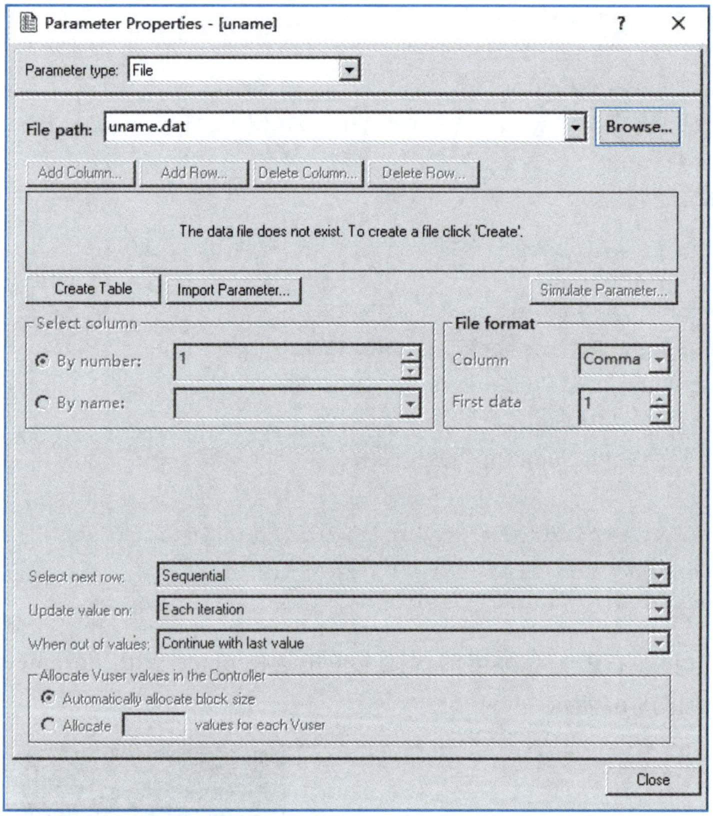

图 5-68　Parameter Properties 对话框

参数化的方式有多种，可以单击Browse按钮，添加本地的数据文件；也可以单击Create Table按钮创建一个表格文件，文件中添加数据；还可以单击Import Parameter按钮从数据库添加数据。这里选择创建一个表格添加数据。

单击图5-68中的Create Table按钮，弹出创建一个新数据文件的对话框，如图5-69所示。

图 5-69　Create a new data file named 对话框

单击"确定"按钮，发现图5-68中的很多内容发生变化，由原来的灰色变成了黑色，如图5-70所示。

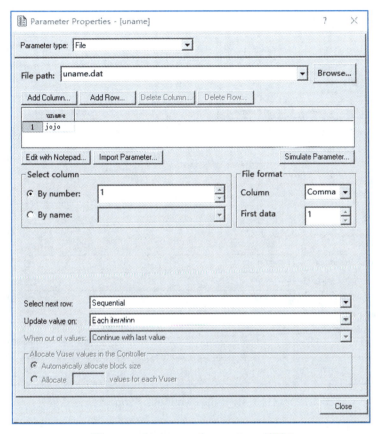

图 5-70　Parameter Properties 对话框

单击Add Row按钮，可以在jojo下面增加一行，并可以输入新的用户名，也可以单击Edit with Notepad，打开uname.dat文件，如图5-71所示。

图 5-71　uname.dat 文件

uname.dat文件中，在jojo的下面增加新的用户名lucy、tom、tim、lily，每个用户名单独占一行，保存关闭，发现在jojo的下面多了刚刚在uname.dat文件中添加的数据，如图5-72所示。

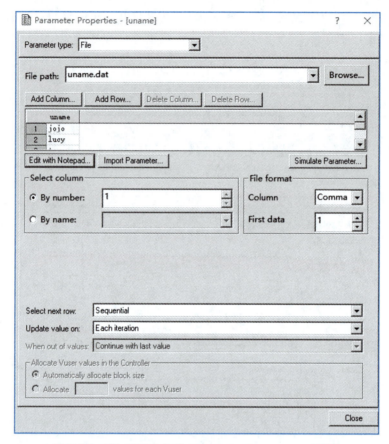

图 5-72　增加了用户名的 Parameter Properties 对话框

关闭Parameter Properties对话框，用户名参数化完成。

（2）对密码进行参数化。右击bean，在弹出的快捷菜单中选择Replace with Parameter→Create New Parameter命令，弹出对话框如图5-73所示，设置参数名为pword，参数类型选中File。

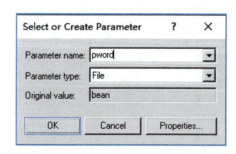

图 5-73　Select or Create Parameter 对话框

单击Properties按钮，弹出Parameter Properties对话框，如图5-74所示。

单击Browse按钮选择保存用户名信息的文件"uname.dat"，单击Add Column按钮，弹出Add new column对话框，如图5-75所示。

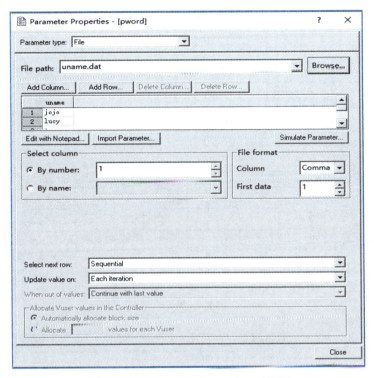

图 5-74　Parameter Properties 对话框

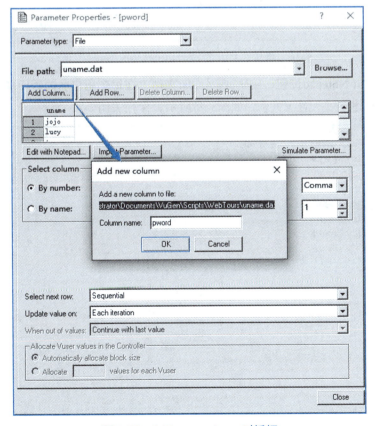

图 5-75　Add new column 对话框

单击OK按钮，在uname列的右侧增加一列pword，如图5-76所示。

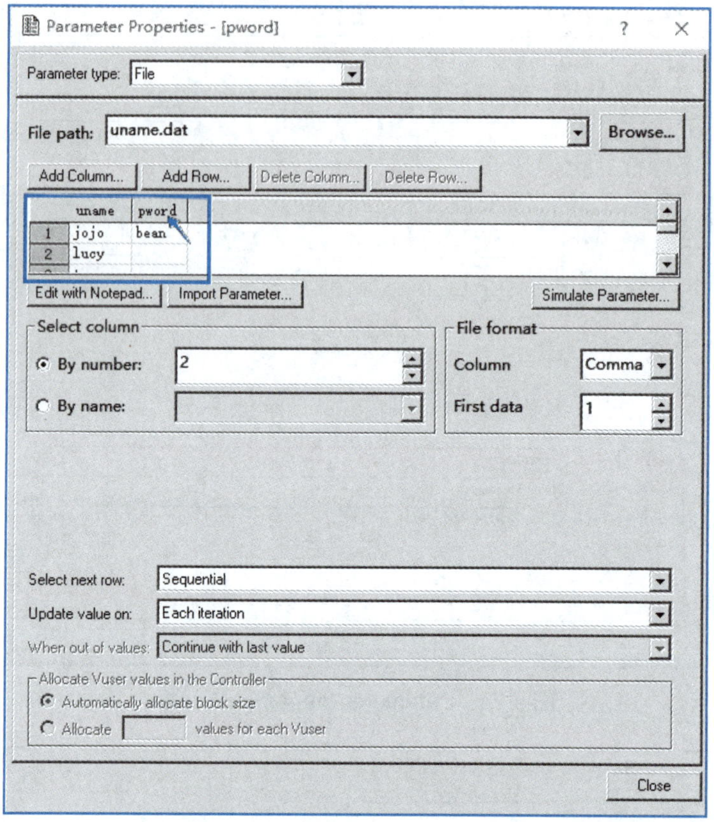

图 5-76　增加 pword 的 Parameter Properties 对话框

单击Edit with Notepad按钮，编辑uname.dat文件，在每个用户名的后面加上对应的密码，使用户名和密码建立一一对应关系，如图5-77所示，保存关闭。

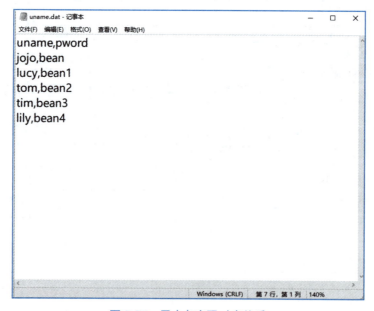

图 5-77　用户名密码对应关系

这样，就完成了用户名和密码的参数化，并让用户名和密码建立了一一对应关系。

脚本运行时，如何取参数化的值呢，可以有很多种方式。在Parameter Properties对话框中通过Select next row和Update value on进行设置，如图5-78所示。

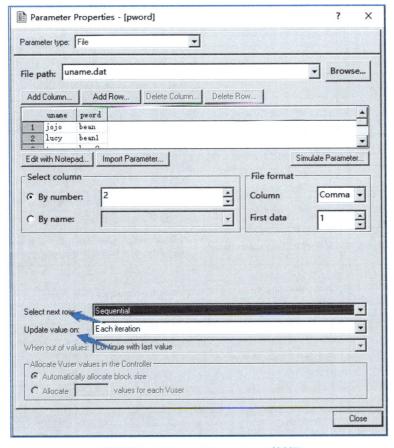

图 5-78　Parameter Properties 对话框

① Select next row，选择下一行的策略，有三个值，分别是：
- Sequential（顺序的）：即是按照参数化的数据顺序依次取值。
- Random（随机的）：随机取参数化的数据。
- Unique（唯一的）：每次取参数化数据中的唯一的数据。

② Update value on，更新值的策略，有三个取值，分别是：
- Each iteration（每次迭代）：每次迭代时取新的值，假如50个用户都取第一条数据，称为一次迭代；之后50个用户都取第二条数据，后面以此类推。
- Each occurrence（每次出现）：每次出现时参数取新的值，这里强调前后两次取值不能相同。
- Once（只取一次）：参数化中的数据，一条数据只能被抽取一次（如果数据轮次完脚本还在运行，将会报错）。

两个选项分别都有三个取值，它们的组合，可以产生九种取值方式，见表5-1。

软件测试技术

表 5-1　Select Next Row 和 Update Value On 的九种组合

Select Next Row （选择下一行）	Update Value On （更新时的值）	Replay Result （结果）
顺序（Sequential）	每次迭代（each iteration）	结果：分别将 15 条数据写入数据表中。 功能说明：每迭代一次取一行值，从第一行开始取。当所有的值取完后，再从第一行开始取。 如：如果参数化文件中有 15 条数据，而迭代设置为 16 次，那执行结果中，参数化文件第一行的数据有两条
顺序（Sequential）	每次出现（Each occurrence）	结果：分别将 15 条数据写入数据表中。 功能说明：每迭代一次取一行值，从第一行开始取。当所有的值取完后，再从第一行开始取。 如：如果参数化文件中有 15 条数据，而迭代设置为 16 次，那执行结果中，参数化文件第一行的数据有两条
顺序（Sequential）	只取一次（once）	结果：表中写入 15 条一模一样的数据。 功能说明：每次迭代都取参数化文件中第一行的数据
随机（Random）	每次迭代（Each iteration）	结果：表中写入 15 条数据，但可能有重复数据出现 功能说明：每次从参数化文件中随机选择一行数据进行赋值
随机（Random）	每次出现（Each occurrence）	结果：表中写入 15 条数据，但可能有重复数据出现 功能说明：每次从参数化文件中随机选择一行数据进行赋值
随机（Random）	只取一次（once）	结果：表中写入 15 条相同数据。 功能说明：第一次迭代时随机从参数化文件中取一行数据，后面每次迭代都用第一次迭代的数据
唯一（Unique）	每次迭代（Each iteration）自动分配块大小	结果：分别将 15 条数据写入数据表中。 功能说明：第一次迭代取参数化文件中的第一条数据，第二次迭代取第二条数据，以此类推。 注：如果设置迭代次数为 16 次。结果在执行第 16 次迭代时会抛异常，异常日志可在 LoadRunner 的回放日志（replayLog）中看到
唯一（Unique）	每次出现（Each occurrence）步长为 1	结果：分别将 15 条数据写入数据表中 功能说明：第一次迭代取参数化文件中的第一条数据，第二次迭代取第二条数据，以此类推。 注：如果设置迭代次数为 16 次，而参数化文件中只有 15 条数据，明显数据不够。此时可以设置 "when out of values" 属性来判断当数据不够时的处理方式 Abort Vuser：中断虚拟用户 Countinue in a cylic manage：循环取参数化文件中的值，即，当参数化文件中的值取完后又从参数化文件的第一行开始取值。 Countinue with last value：继续用最后一条数据
唯一（Unique）	只取一次（once）	结果：表中写入 15 条相同数据。 功能说明：每次都取参数文件中的第一条数据进行赋值

注：如果需要模拟大量的用户，可以从数据库中获取数据。

● 视　频

LoadRunner
事务、集合
点、检查点

（六）设置集合点

设置集合点，使用少量用户实现高并发。例如，多个用户同时登录系统，查看系统资源的使用情况，如 CPU、内存等。

选择菜单栏中的 Design→Insert in Script→Rendezvous 命令，如图 5-79 所示。

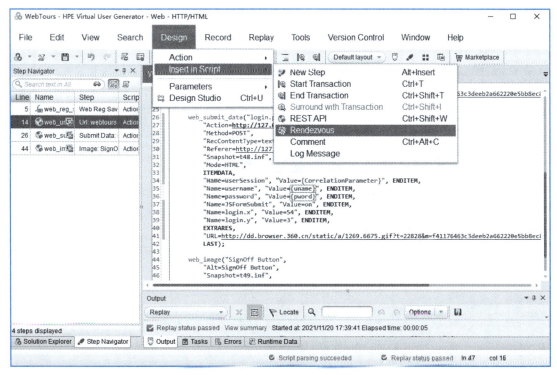

图 5-79　设置集合点

在脚本中增加一行代码，设置集合点。

```
lr_rendezvous("登录集合点");
```

（七）事务

事务是统计完成一件事情所消耗的资源，如同时登录一个页面，每个操作都可以看成是一个事务。一个事务应该具有原子性、一致性、隔离性和持久性的特点。通过事务函数可以标记完成该业务所需要的操作内容，也可以用来统计用户操作的响应时间。事务响应时间是通过记录用户请求的开始时间和服务器返回内容到客户端时间的差值来计算的。

选择菜单栏中的Design→Insert in Script→Start Transaction命令，在web_submit_data=( )前加入开始事务。

```
lr_start_transaction("用户登录");
```

选择菜单栏中的Design→Insert in Script→End Transaction命令，在web_submit_data( )后加入结束事务。

```
lr_end_transaction("用户登录", LR_AUTO);
```

一般情况下，为了提高事务统计的准确性，事务要尽量精简，里面不要包含检查点、关联、逻辑判断、思考时间等。

（八）回放设置

在VuGen中，选择Replay中的Runtime Settings，在Runtime Settings中可以设定脚本回放过程的一些参数。如Iteration Count（迭代次数）、Think Time（思考时间）、Error Handling

（错误处理）、Multithreading（运行方式）等，如图5-80所示。

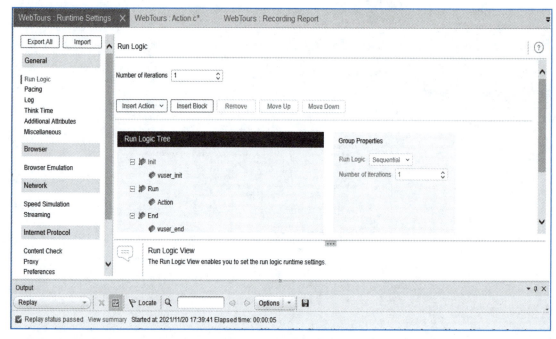

图 5-80　运行时设置

（1）选择General中的Run Logic，在Number of iterations中设置迭代的Action迭代的次数，如图5-81所示。

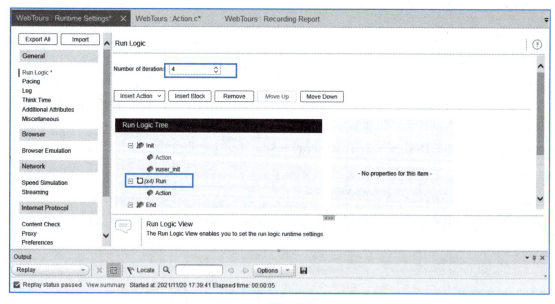

图 5-81　设置迭代次数

（2）选择General中的Pacing设置迭代间隔，有三个选择，如图5-82所示。

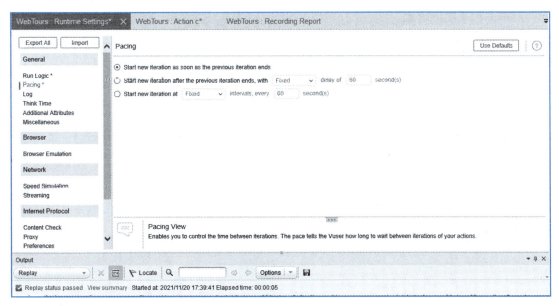

图 5-82　设置迭代间隔

（3）选择General中的Think Time设置思考时间，如图5-83所示，用来设定脚本回放时对思考时间的处理方式。

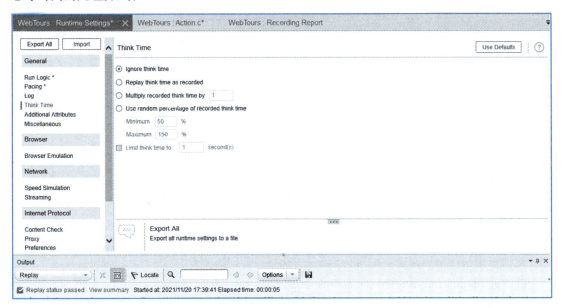

图 5-83　设置思考时间

- Ignore think time：脚本回放时，将不执行lr_think_time()函数，这样会给服务器产生更大的压力。
- Replay think time as recorded：脚本回放时，执行lr_think_time()函数，按照录制时获取的think time值回放。
- Multiply recorded think time by：回放脚本时取录制时的整数倍思考时间。
- Use random ercentage of recorded think time：设置最大和最小的比例，按照两者之间

的随机值回放脚本。

- Limit think time to：用于限制think time的最大值，脚本回放过程中，如果发现有超过这个值的，用这个最大值替代。

选择General中的Miscellaneous，设置Error Handling错误处理方式、Multithreading运行方式和Automatic Translationss事务运行方式，如图5-84所示。

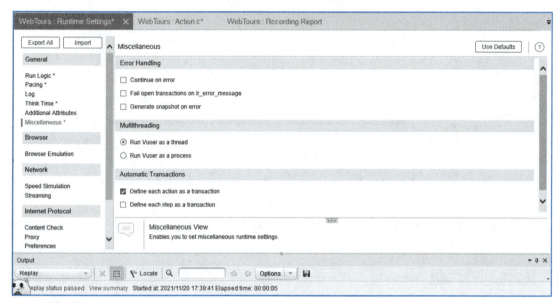

图5-84　Miscellaneous 设置

① Error Handling设置遇到错误时的处理方式。

- Continue on error：遇到错误时继续运行。
- Fail open transactions on lr_error_message：执行到事务中调用的lr_error_message()函数时将事务的结果置为Failed。
- Generate snapshot on error：对错误进行快照。

② Multithreading：设定脚本是以多线程方式运行还是以多进程方式运行。

- Run Vuser as a thread：以多线程方式运行。
- Run Vuser as a process：以多进程方式运行。

这个根据实际情况而定，通常B/S通常用线程，C/S用进程。

③ Automatic Translations：设置事务运行方式。

- Define each action as a transaction：将每一个action作为一个事务。
- Define each step as a transaction：将每一个step作为一个事务。

（九）Controller设计场景

视频

LoadRunner
场景设计

Controller是用来设计、管理和监控负载测试的中央控制台。通过运行脚本模拟真实用户的操作，监控性能指标的变化。

脚本准备完成后，可以根据场景用例设置场景。Controller控制器提供了手动和面向目标两种测试场景。

（1）手动设计场景（manual scenario）最大的优点是能够更灵活地按照需求来设计场景模型，使场景能更好地接近用户的真实使用。一般情况下使用手动场景设计方法来设计场景，自行设置虚拟用户的变化，来模拟真实的用户请求，完成负载的生成。

（2）面向目标场景（goal oriented scenario）则是测试性能是否能达到预期的目标，在能力规划和能力验证的测试过程中经常使用。使用起来比较简单，但灵活性较差，只需输入期望达到的性能目标就可以。

在VuGen中选择菜单栏中的Tools→Create Controller Scenario命令，打开Create Scenario对话框，如图5-85所示。可以设置场景类型。

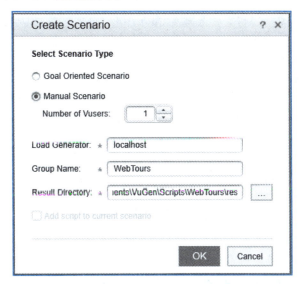

图 5-85　Create Scenario 对话框

也可以双击桌面图标Controller，打开Controller，如图5-86所示。

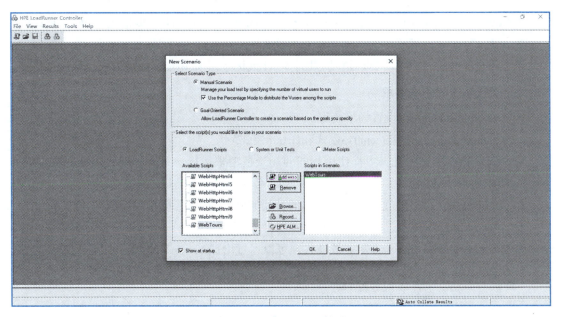

图 5-86　Controller 对话框

可以设置场景类型。选择LoadRunner Scripts，在Available LoadRunner Scripts中选择录制好的脚本，单击"Add==>>"按钮添加到右侧场景中。

单击OK按钮，打开Scenario 1界面，如图5-87所示。

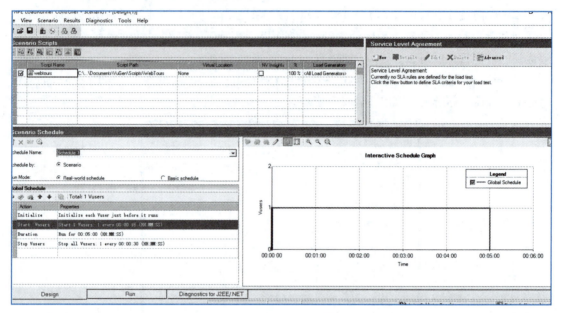

图5-87　Scenario 1界面

Scenario界面由三部分组成。

- Scenario Scripts：场景脚本，用于设置运行的脚本、虚拟用户等信息。
- Service Level Agreement：服务协议，展示所使用的协议。
- Scenario Schedule：场景计划，用于设置虚拟用户的数量、工作方式等模拟真实用户的行为。

在Scenario Scripts中，只导入webtours一个脚本，因此将所有虚拟用户分配给该脚本（设置100%）。

在Scenario Schedule中，可以设置场景的各项计划，如虚拟用户的加载方式、释放策略等。

1. 设置场景的基本信息

（1）Schedule Name：设置场景名称。

（2）Schedule by：选择Scenario模式和Group模式。

- Scenario模式：所有脚本都使用相同的场景模型来运行，只需分配每个脚本所使用的虚拟用户个数即可。
- Group模式：可以独立设置每个脚本的开始原则，还可以设置脚本前后运行关系。

（3）Run Mode：

- Real-world schedule：真实场景模式，可以通过增加Action来增加多个用户。
- Basic schedule：以前用的"经典模式"，只能设置一次负载的上升和下降。

2. 设置场景的各类参数

在Global Schedule中可以设置场景的各类参数，选中对应的行，单击Global Schedule下面的Edit Action可设置场景对应参数。

（1）Initialize：初始化是指运行脚本中的Vuser_init操作，为测试准备Vuser和Load Generator，如图5-88所示。

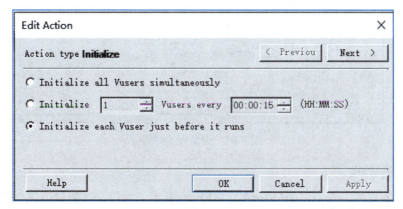

图 5-88　初始化虚拟用户

（2）Start Vusers：设置场景Vuser加载方式，如图5-89所示。

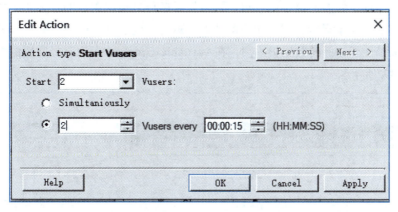

图 5-89　Vuser 启动方式

（3）Duration：设置场景持续运行的情况，如图5-90所示。

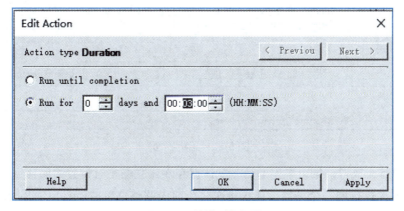

图 5-90　持续时间设置

（4）Stop Vusers：设置场景执行完成后虚拟用户释放的策略，如图5-91所示。

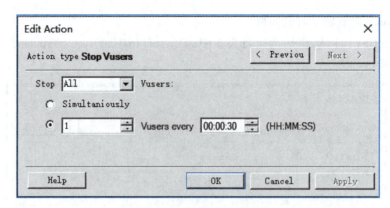

图 5-91 设置停止时间

（十）场景执行

场景设计完成后，单击Controller界面的Run选项卡，可以进入场景的执行界面。这个界面用于控制场景的执行，包括启动停止执行场景、观察执行时是否出错及出错信息、执行时用户情况、相关性能数据。

在场景执行页面的左上角是场景组，主要显示运行时虚拟用户的状态变化情况；右上角是场景状态，主要显示运行的虚拟用户的数量、运行时间、通过的事务、失败的事务、错误等信息；下面是性能指标的数据折线图，在Available Graphs中可以选择需要的性能指标进行显示，如图5-92所示。

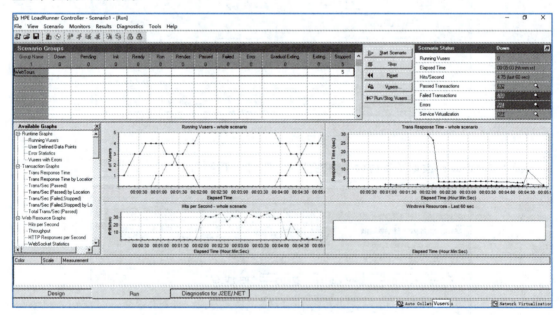

图 5-92 运行界面

执行完成后，执行结果以事先的命名默认保存在建立场景时设置的保存目录。如果涉及调优，需要多次执行同一个场景，建议每次运行前先调整菜单的Results→Results Settings，如图5-93所示，场景结果保存的名字建议包含重要调优参数值。调优参数比较多样，可以在具体的项目用附件约定。

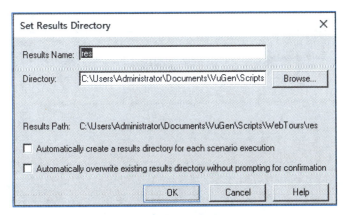

图 5-93 结果保存路径

测试期间，可以使用LoadRunner的联机监控器观察Web服务器在负载下的运行情况。特别是可以看到负载的增加如何影响服务器对用户操作的响应时间（事务响应时间），以及如何引起错误的产生。

（十一）结果分析

LoadRunner的Analysis模块是分析系统性能指标的一个主要工具，它能够直接打开场景的执行结果文件，将场景数据信息生成相关的图表进行显示。Analysis集成了强大的数据统计分析功能，允许测试员对图表进行比较和合并等多种操作，分析后的图表能够自动生成需要的测试报告文档。

选择菜单栏中的Result→Analyze Results命令，打开Analysis，如图5-94所示。

视 频

LoadRunner
结果分析

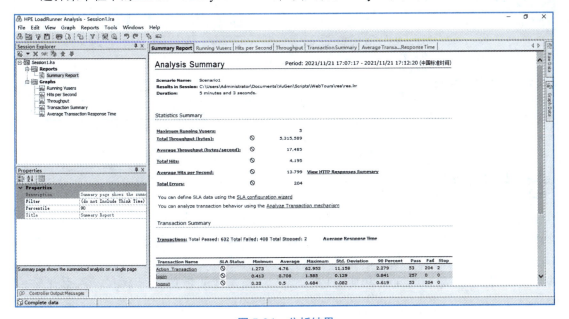

图 5-94 分析结果

从分析结果中可以看出存在错误，如图5-95所示，是由于网速缓慢、加载慢导致图片未显示。这个在前面回放时也出现了。

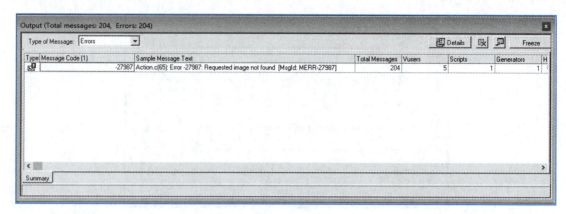

图 5-95　运行错误

单击上面的性能参数可以查看生成的图，单击Transaction Summary，如图5-96所示。

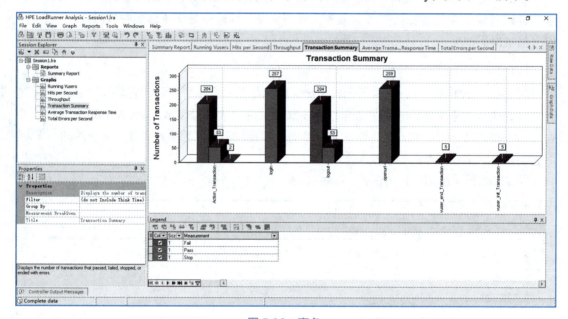

图 5-96　事务

项目小结

本项目主要介绍了性能测试的种类、指标、流程及工具等内容，性能测试是保证软件质量的一种重要手段。性能测试是通过性能测试工具模拟正常、峰值以及异常的负载条件，然后对系统的各项性能指标进行测试的活动。通过性能测试可以检验软件系统的性能是否达到用户期望的性能要求，发现软件的性能瓶颈，从而优化系统的性能。

性能测试的指标：响应时间、吞吐量、并发用户数、资源利用率、TPS、思考时间、点击数等。

性能测试的覆盖面很广，主要包括：基准测试、负载测试、压力测试、并发测试、稳定性测试等。

性能测试和功能测试的目标不同,测试流程也有所不同,但是遵循"性能测试需求分析—制定性能测试计划—设计性能测试用例—编写性能测试脚本—执行性能测试—性能测试结果分析—性能测试报告"这一基本的工作流程。

性能测试主流工具有 JMeter 和 LoadRunner。与 JMeter 相比,LoadRunner 好用且功能强大,但是 LoadRunner 是收费的,并且不是开源的。在性能测试过程中,LoadRunner 的录制功能、环境调试功能与 JMeter 都存在一定差距,JMeter 的报表相对较少,结果分析也没有 LoadRunner 详细。

习　题

1. 简述性能测试的流程。
2. 简述常用的性能测试的指标。
3. 简述 JMeter 和 LoadRunner 的区别。
4. LoadRunner 由哪些部件组成?
5. 压力测试和负载测试的区别是什么?

项目六
自动化测试

项目导读

随着互联网技术的发展,软件的功能越来越强大,结构也越来越复杂,软件测试的工作量也逐渐增多,在软件的整个生命周期中,软件测试所用的时间达到70%左右。为了提高软件测试的效率和软件质量,在测试中采用自动化测试代替一部分手工测试是非常有必要的。本项目主要介绍自动化测试的概述、优缺点、基本流程及Selenium元素定位等API,编写测试脚本,进行自动化测试。通过学习自动化测试相关知识,完成教学诊断与改进平台的自动化测试。

项目目标

知识目标

◎ 了解自动化测试的概念。
◎ 了解自动化测试的优缺点。
◎ 掌握自动化测试的基本流程。
◎ 了解自动化测试工程师应具备的条件。
◎ 掌握自动化测试工具。
◎ 掌握Selenium定位元素方法。
◎ 掌握Selenium常用操作。
◎ 掌握元素等待方式。
◎ 掌握自动化测试模型。
◎ 了解Unittest。

技能目标

◎ 能够根据需求规格说明书进行需求分析并设计测试用例。

◎ 能够编写自动化测试脚本并执行脚本。

素养目标

◎ 树立科技报国的决心。

◎ 培养效率意识和创新能力。

◎ 养成良好的编码规范。

◎ 提升自主探究能力。

◎ 提升团队协作能力。

课前学习工作页

选择题

1. 下列选项中,（　　）不是自动化测试的缺点。

    A. 自动化测试对测试团队的技术有更高的要求

    B. 自动化测试对于迭代较快的产品来说时间成本高

    C. 自动化测试具有一致性和重复性的特点

    D. 自动化测试脚本需要进行开发，并且自动化测试中的错误用例会浪费资源

2. 下列选项中适合自动化测试的是（　　）。

    A. 需求不确定且变化频繁的项目

    B. 产品设计完成后测试过程不够准确

    C. 项目开发周期长而且重复测试部分多

    D. 项目开发周期短，测试比较单一

任务一　初识自动化测试

任务描述

小张同学发现在测试过程中，有很多测试工作是重复性的，这些重复性测试浪费了很多精力和时间。为了提高测试效率，同时保证软件产品的质量，对于需求稳定且周期长的项目可以引入自动化测试。本任务先来了解一下自动化测试的一些基本概念。

任务实施

一、自动化测试概述

小张同学：什么是自动化测试呢？

师傅：自动化测试是借助测试工具、测试规范，从而局部或全部代替手工进行非技术性、重复性、冗长的测试活动，从而提高测试效率和质量的过程。自动化测

视频

自动化测试概述

试是软件测试的一个重要组成部分，它能够完成许多手工测试无法完成或难以实现的测试工作。

软件自动化测试是通过执行某种编程语言编写的自动化脚本程序，模拟手动测试的步骤，完成测试的过程。自动化测试又分为全自动化测试和半自动化测试。全自动化测试在整个测试过程中，不需要人工手动干涉，通过脚本程序自动完成测试的过程。半自动化测试是脚本程序按照人工选择的测试路径或输入的测试用例完成测试的过程，中间需要人为干预。

二、自动化测试优缺点

小张同学：自动化测试可以替代人工测试吗？有哪些优点和缺点呢？

师傅：不能。软件测试的工作量很大，尤其对一些可靠性要求非常高的软件，仅仅依靠手工测试，效率是很低的，需要很长的时间。自动化测试相对于手工测试而言，可以提高测试的效率，其主要进步在于自动测试工具的引入。但是自动化测试也存在一些局限性。

要理解自动化测试，可以从以下几个方面考虑：

1. 手工测试的局限性

（1）随着互联网技术的发展，软件的功能越来越强大，结构也越来越复杂，测试的内容也越来越多，仅靠手工设计测试用例不可能100%覆盖，很容易造成遗漏。

（2）在进行系统回归测试时，手工回归测试的难度非常大。

（3）系统可靠性测试需要运行很长时间，采用手工测试是无法实现的。

（4）系统负载测试或压力测试时，需要模拟大量的并发用户，采用手工测试很难模拟。

（5）人工测试需要大量的测试人员，对测试人员的经验要求很高。

2. 自动化测试的优点

在软件测试过程中，如果发现缺陷，需要进行回归测试。这一测试工作比较枯燥单调。自动化测试可以将人工从这种枯燥单调的工作中解放出来。

（1）自动化测试具有一致性和重复性特点。

（2）自动化测试可以提高测试的效率。

（3）自动化测试可以减少人为的失误，提高测试的准确率。

（4）自动化测试可以完成一些手工测试困难或不可能完成的测试，如系统的可靠性测试、负载测试和压力测试。

（5）自动化测试可以更好地利用资源，可以任何地方任意时间进行自动化测试。

3. 自动化测试的局限性

自动化测试虽然有很多优点，但不是万能的，也有一定的局限性：

（1）自动化测试对测试人员的技术要求更高。

（2）自动化测试脚本的开发需要花费较高的时间成本，错误的测试用例会导致资源的浪费和时间投入。

（3）自动化测试不能替代人工测试，尤其是一些智力性质的人工测试，也不能实现100%覆盖。

（4）在进行UI测试和用户体验测试时，自动化测试是不能替代人工测试的。

（5）自动化测试发现缺陷的能力比人工测试弱。

在实际测试过程，既有自动化测试也有人工测试，两者是相辅相成的。

三、引入自动化测试条件

小张同学：所有项目都可以引入自动化测试吗？引入自动化测试需要满足哪些条件呢？

师傅：并不是所有项目都适合引入自动化测试，在实施自动化测试之前需要对软件开发过程进行分析，判断其是否适合引入自动化测试。

通常情况下，引入自动化测试需要满足以下条件：

1. 项目需求变动不频繁

测试脚本的稳定性决定了自动化测试的维护成本。如果软件需求变动过于频繁，测试人员需要根据变动的需求来更新测试用例以及相关的测试脚本，而脚本的维护本身就是一个代码开发的过程，需要进行修改、调试代码，必要的时候还要修改自动化测试的框架，如果自动化测试脚本维护所花费的成本不低于利用其节省的测试成本，那么就不适合引入自动化测试。

2. 项目周期足够长

自动化测试需求的确定、框架的设计及脚本的编写与调试，这样的过程本身就是一个测试软件的开发过程，需要较长的时间来完成。如果项目的周期比较短，没有足够的时间去支持这样一个过程，那么引入自动化测试便无意义。

3. 自动化测试脚本可重复使用

开发一套近乎完美的自动化测试脚本需要较长的时间，但是如果脚本的重复使用率很低，致使脚本开发所耗费的成本大于其所创造的经济价值，自动化测试便成为了测试人员的练手之作，而并非是真正可产生效益的测试手段。

另外，在手工测试无法完成，或需要投入大量时间与人力时也需要考虑引入自动化测试，比如性能测试、配置测试、大数据量输入测试等。自动化测试不仅可以节约成本，还可以提高项目质量。

四、自动化测试工程师应具备的条件

小张同学：自动化测试需要编写脚本、调试脚本并执行脚本，对自动化测试工程师的要求更高，那么作为自动化测试工程师应具备哪些条件呢？

师傅：自动化测试一般由企业专业的团队来完成，对自动化测试工程师的要求比一般的软件测试工程师要高一些。自动化测试工程师应具备以下条件。

（1）具有一定的自动化理论知识。

（2）拥有一定的编程能力，且至少掌握一门编程语言，了解测试脚本的编写和设计方法。

（3）熟悉被测系统的相关知识。

（4）熟悉常用的自动化测试框架，并掌握一套自动化测试框架，如Selenium。

（5）善于学习，具有较强的学习能力。

任务二　掌握自动化测试基本流程及常用工具

任务描述

小张同学初次接触自动化测试，为了保证测试工作有条不紊的进行，同时提高测试的效率，需要了解自动化测试的基本流程及常用的自动化测试工具，如Selenium、QTP、Appium、UFT。

任务实施

一、自动化测试基本流程

小张同学：在进行自动化测试时，应遵循的基本流程是什么呢？

师傅：自动化测试的基本流程一般包括可行性分析、分析测试需求、制定测试计划、设计测试用例、搭建测试环境、开发测试脚本、分析测试结果、跟踪测试Bug、编写测试报告等。

1. 可行性分析

在进行项目自动化测试之前，第一步就是要确认其可行性，是否可以引入自动化测试。根据被测软件等综合考虑，看是否适合引入自动化测试，采用自动化测试有哪些好处和局限性。如果引入自动化测试，要确定在哪些功能点测试采用自动测试。一般情况下，要进行自动化测试要遵循几个前提条件：软件需求变动不频繁，项目周期足够长，自动化脚本可以重重使用。

2. 分析测试需求

根据需求说明书分析测试需求，划分出可以进行自动化测试的需求，一般是简单、重复性高、业务复杂度低的需求，设计测试需求树，以便用例设计时能够覆盖所有的需求点。

3. 制定测试计划

测试计划要明确测试对象、测试目的、测试的项目内容、测试的方法、测试的进度要求，并确保测试所需的人力、硬件、数据等资源都准备充分。

4. 设计测试用例

通过分析测试需求，设计出能够覆盖所有需求点的测试用例，形成专门的测试用例文档。由于不是所有的测试用例都能用自动化来执行，所以需要将能够执行自动化测试的用例汇总成自动化测试用例，为自动化测试脚本提供编写依据。

5. 搭建测试环境

自动化测试的概念有广义和狭义之分：广义上讲，所有借助工具来辅助进行软件测试的方式都可以称为自动化测试；狭义上讲，主要是指基于UI层的功能自动化测试。Selenium是Web自动化测试，网页应用中流行的开源自动化测试框架。Appium是一个移动端自动化测试开源工具，支持iOS和Android平台，支持Python、Java等语言。QTP主要是Web自动化测试，主要是用于回归测试和测试同一软件的新版本。根据被测对象选择合适的自动化测试工具，并搭建测试环境。

6. 开发测试脚本

根据自动化测试用例和问题的难易程度，采取适当的脚本开发方法编写测试脚本。一般先通过录制的方式获取测试所需要的页面控件，然后再用结构化语句控制脚本的执行，插入检查点和异常判定反馈语句，将公共普遍的功能独立成共享脚本，必要时对数据进行参数化。当然，还可以用其他高级语言编辑脚本。脚本编写好了之后，需要反复执行，不断调试，直到运行正常为止。脚本的编写和命名要符合管理规范，以便统一管理和维护。测试脚本要具有可维护性、可重用性、简单性、健壮性，同时要注意确保自动化测试开发的结构化和一致性。

7. 分析测试结果

对自动化测试结果进行分析，以便尽早地发现缺陷。理想情况下，自动化测试用例运行失败后，自动化测试平台就会自动上报一个缺陷。确认这些自动上报的缺陷是否是真实的系统缺陷。如果是系统缺陷就提交开发人员修复，如果不是系统缺陷，就检查自动化测试脚本或者测试环境。

8. 跟踪测试 Bug

测试记录的Bug要记录到缺陷管理工具中去，以便定期跟踪处理。开发人员修复后，需要对此问题执行回归测试，执行通过则关闭，否则继续修改。

9. 编写测试报告

测试结果形成自动化测试报告，测试报告一般包括测试项目、测试方法、测试环境、测试过程、测试结果等，并对测试过程中发现的问题进行分析。

二、常用的自动化测试工具

小张同学：常用的自动化测试工具有哪些呢？

师傅：常用的自动化测试工具有Selenium、QTP、Appium、UFT。

1. Selenium

Selenium主要用于Web应用程序的自动化测试，是网页应用中最流行的开源自动化测试框架之一，起源于2000年，经过不断地完善，Selenium成为许多Web自动化测试人员的选择，尤其是那些有高级编程和脚本技能的人。Selenium也成为了其他开源自动化测试工具如Katalon Studio、Watir、Protractor和Robot Framework的核心框架。

Selenium的特点如下：

（1）开源、免费。

（2）支持多平台：Windows、Mac、Linux等。

（3）多种浏览器：Chrome、FireFox、IE、Opera。

（4）支持多语言：Java、Python、C#、PHP、Ruby等。

（5）简单、易学：因为Selenium的灵活性，测试人员可以写各种复杂的、高级的测试脚本来应对各种复杂的问题，它需要高级的编程技能和付出来构建满足自己需求的自动化测试框架和库。

2. QTP

QTP主要是用于回归测试和测试同一软件的新版本，支持Web和桌面自动化测试。QTP针对的是GUI应用程序，包括传统的Windows应用程序，以及现在比较流行的Web应用。它可以覆盖绝大多数的软件开发技术，简单高效，并具备测试用例可重用的特点。QTP的功能包括创建测试、插入检查点、检验数据、增强测试、运行测试、分析结果和维护测试等方面。

3. Appium

Appium是一个开源移动端自动化测试工具，可用于原生、混合和移动Web应用程序测试。支持iOS和Android平台，支持Python、Java、PHP等多种语言，即同一套Java或Python脚本可以同时运行在iOS和Android平台。Appium是一个C/S架构，核心是一个Web服务器，它提供了一套REST的接口。当收到客户端的连接后，就会监听到命令，然后在移动设备上执行这些命令，最后将执行结果放在HTTP响应中返还给客户端。

4. UFT

UFT是由QTP和ST合并而来的，是HP公司开发的一款企业级的自动化测试工具，支持B/S和C/S两种架构的测试，能够进行录制和回放。

任务三　掌握自动化测试环境搭建

任务描述

视频
自动化测试环境搭建

自动化测试脚本的运行需要一定的环境，因此在进行自动化测试之前首先要搭建环境，这里选择Selenium测试框架进行自动化测试。

任务实施

小张同学：如何使用自动化测试框架Selenium搭建测试环境呢？

师傅：搭建自动化测试环境，这里所用的软件及版本为Python-3.5.0-amd64、Selenium版本3.141.0、PyCharm2017.1.6。

1. 安装 Python

（1）到Python官网下载Python-3.5.0版本，如图6-1所示。

图 6-1　Python 官网界面

（2）下载完成之后，安装Python。双击 python-3.5.0rc4-amd64.exe ，打开Install Python界面，如图6-2所示，勾选Install launcher for all users和Add Python 3.5 to PATH复选框。

图 6-2　Install Python 界面

（3）单击Customize installation按钮，进入Optional Features界面，勾选所有选项，如图6-3所示。

（4）单击Next按钮，进入Advanced Options界面，勾选Install for all users选项，如图6-4所示。

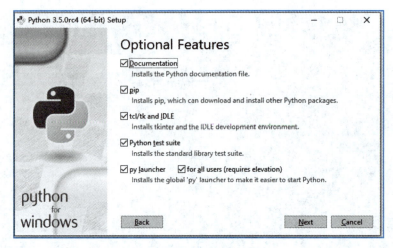

图 6-3　选择需要安装的选项

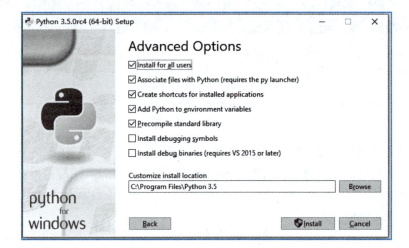

图 6-4　Advanced Options

（5）单击Install按钮，进入Setup Progress界面，如图6-5所示。

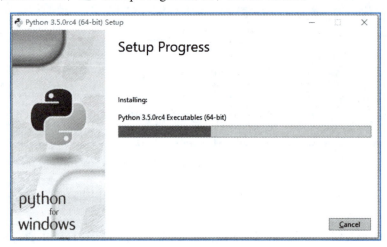

图 6-5　Setup Progress

（6）安装成功，单击Close按钮，如图6-6所示。

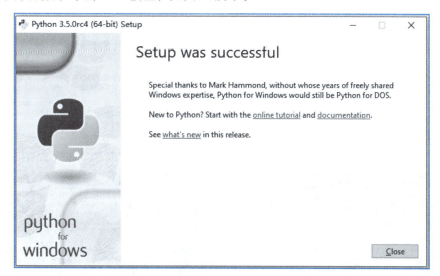

图6-6　安装成功

打开命令提示符，输入"python"，验证Python是否安装成功，如图6-7所示，表示安装成功。

图6-7　测试运行

在Python中已经集成了pip，默认已经安装有pip，pip是一个安装和管理Python包的工具，通过pip安装Python包非常方便。重新打开命令行窗口，可以使用pip list命令查看已安装的Python包，如图6-8所示。

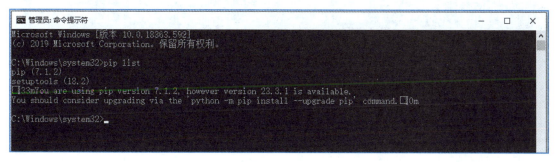

图6-8　Pip list

2．浏览器的配置

下载浏览器对应版本的WebDriver，将WebDriver放在Python的安装根目录下，即与

python.exe同级。这里选择的浏览器是Chrome 67及其对应驱动Chromedriver。

3. Selenium 的安装与配置

安装pip是为了方便安装Python的第三方库，可以使用pip安装Selenium，默认安装最新版本的包，如果安装指定版本的包，需要在包后面加上版本号。

（1）在命令行窗口中，输入cmd，以管理员身份运行命令提示符，准备安装Selenium（必须是新打开的cmd命令行窗口）。

（2）在图6-9中，输入"pip install selenium==3.141.0"回车，安装Selenium。

图6-9　Selenium 安装

（3）在命令行窗口中，输入cmd，以管理员身份运行命令提示符，打开新的命令提示符窗口，输入pip list，显示Selenium已经安装，如图6-10所示。

图6-10　Selenium 安装成功

（4）测试Selenium是否安装成功，在命令提示符中输入以下内容：

```
python
from selenium import webdriver
driver = webdriver.Chrome()
driver.get("https://www.baidu.com")
```

输入cmd，打开命令提示符，输入如下命令，如图6-11所示。

图 6-11　测试打开百度页面

百度首页被打开，如图 6-12 所示。

图 6-12　百度首页

> 注意：
>
> 输入 driver=webdriver.Chrome() 打开的网页窗口不要关闭，然后再输入 driver.get("https://www.baidu.com")，即可打开百度首页。

4. PyCharm 的安装

（1）双击 pycharm-community-2017.1.6.exe ，打开安装欢迎界面，如图6-13所示。

图 6-13 欢迎安装界面

（2）单击Next按钮，进入安装路径选择，如图6-14所示，单击Browse按钮选择安装路径。

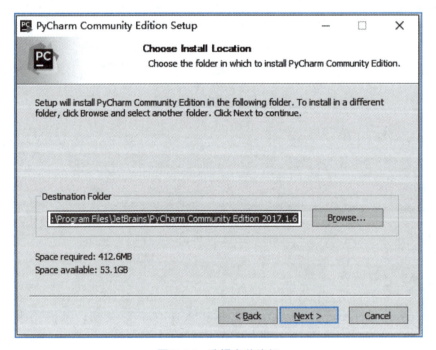

图 6-14 选择安装路径

（3）单击Next按钮，进入安装选项，如图6-15所示，勾选64-bit launcher和.py复选框。

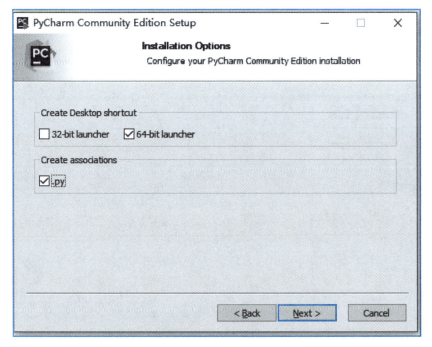

图6-15 选择安装选项

（4）单击Next按钮，进入图6-16所示的界面。

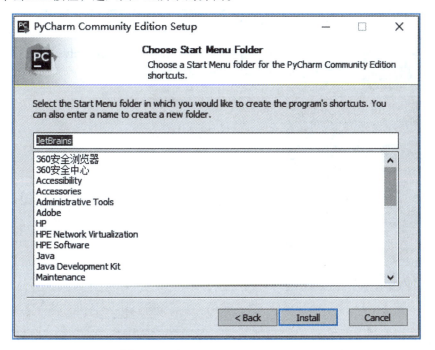

图6-16 Choose Start Menu Folder

（5）单击Install按钮，进入安装进度界面，如图6-17所示。

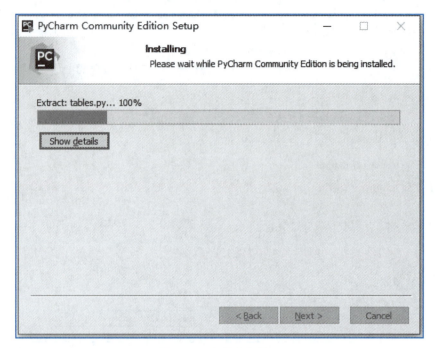

图 6-17 安装进度界面

（6）安装完成，如图6-18所示。

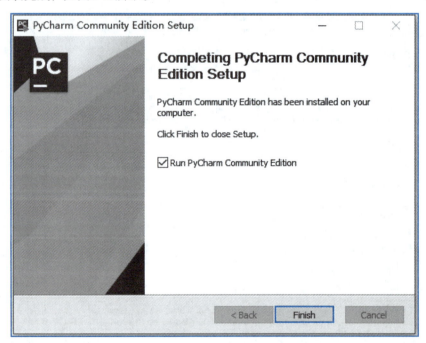

图 6-18 安装完成

（7）单击Finish按钮，弹出完成安装，如图6-19所示。

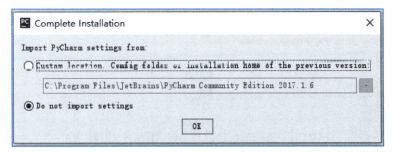

图 6-19　完成安装选项

（8）单击OK按钮，进入协议界面，如图6-20所示。

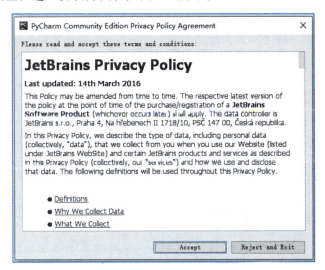

图 6-20　协议界面

（9）单击Accept按钮，弹出初始化配置，如图6-21所示。

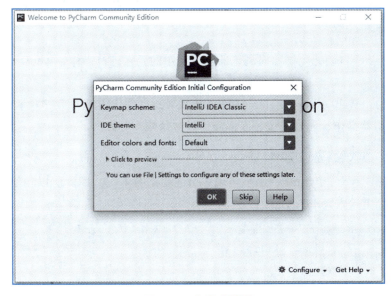

图 6-21　初始化配置

（10）单击OK按钮，进入欢迎页面，如图6-22所示。

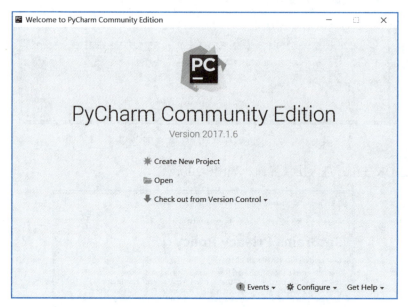

图 6-22　PyCharm 欢迎页面

（11）单击Create New Project按钮，创建新工程。

任务四　掌握 WebDriver 基本操作

任务描述

Web自动化测试首先要编写脚本，在脚本中，Selenium WebDriver扮演着重要角色，要先学习掌握WebDriver提供的各种方法，对浏览器及页面中的元素进行操作。

任务实施

小张同学：Web自动化测试要对浏览器及页面中的元素进行操作，WebDriver提供了哪些方法呢？

师傅：WebDriver是Python中用于实现Web自动化测试的第三方库，WebDriver提供了浏览器操作、元素定位、鼠标操作、键盘操作等方法。

一、浏览器基本操作

WebDriver是Python中用于实现Web自动化的第三方库。所以在使用之前首先从Selenium中导入WebDriver库：

视频
WebDriver
基本操作

```
from selenium import webdriver          //导入WebDriver库
```

1. 启动浏览器

```
driver = webdriver.Chrome()              //启动谷歌浏览器
```

启动其他浏览器，比如火狐浏览器Firefox，代码为：driver = webdriver.Firefox()。

2. 打开页面

driver.get(url)方法用于打开url地址指定的网页。例如，打开百度首页：

```
driver.get("http://www.baidu.com")
```

3. 浏览器等待（设置休眠或等待时长）

访问网址后，页面加载需要时间，所以在发起访问后最好等待几秒，等待页面加载完成，再对页面进行操作。设置等待时间需要导入time模块，time模块是Python自带的，无须下载直接在程序中引用"import time"，time的单位是秒（s），时间值可以是小数也可以是整数。

time.sleep()用于将程序停顿一段时间后再执行。WebDriver将等待页面完全加载完成后再继续执行下面的脚本。

```
time.sleep(3)        //设置等待3 s
```

4. 浏览器窗口操作

（1）maximize_window()设置窗口最大化：

```
driver.maximize_window()
```

（2）minimize_window()设置窗口最小化：

```
driver.minimize_window()
```

（3）set_window_size(width,height) 设置窗口为固定大小：

```
driver.set_window_size(800,600)        //设置窗口大小为800×600
```

5. 浏览器回退操作

```
driver.back()                //用于回退到上一步操作
```

6. 浏览器前进操作

```
driver.forward()             //用于前进到下一步操作
```

7. 刷新页面

```
driver.refresh()             //刷新当前页面
```

8. 获取浏览器名称

driver.name可以获取当前浏览器的名称，如果用Chrome打开，语句print(driver.name)会在控制台打印出chrome，其他浏览器同理。

9. 获取浏览器页面标题和 URL

driver.title获取浏览器页面的标题。一般用于判断页面跳转是否符合预期。driver.current_url获取浏览器页面的URL地址。

10. 窗口截图（截屏）

```
driver.get_screenshot_as_file(r'F:\baidu.png')    //括号内参数为图片保存路径，
运行之后会在F盘下保存截屏百度窗口图片，命名为baidu.png
```

11. 移动浏览器窗口位置

```
driver.set_window_position(x,y)    //将浏览器窗口移动到指定位置
```

12. 关闭浏览器

quit()和close()都可以关闭浏览器，但是两者存在区别：

- driver.close()指关闭当前的窗口，主要应用于有多个窗口，需要关闭其中某个窗口，继续执行其他窗口。
- driver.quit()指关闭整个浏览器。如果浏览器有多个窗口，会同时关闭多个窗口。

二、窗口操作

小张同学：当浏览器打开多个窗口时，如何在多个窗口之间进行切换等操作呢？

师傅：在浏览器中打开的每个窗口都有一个唯一的标识符号，通过标识符号可以在不同窗口之间进行切换等相关操作。即要想在多个窗口之间切换，首先要获得每一个窗口的唯一标识符号（句柄）。通过获得的句柄来区别不同的窗口，从而对不同窗口进行操作，WebDriver提供了一些窗口操作方法，见表6-1。

表6-1 窗口操作方法

方　　法	描　　述
driver.current_window_handle	获得当前窗口的句柄
driver.window_handles	获得所有窗口的句柄
driver.switch_to_handle("句柄")	切换回句柄所属的窗口
driver.close()	关闭当前窗口
driver.quit()	关闭所有窗口

三、页面元素的定位

● 视　频
页面元素定位

小张同学：打开网页之后，如何定位要点击的页面元素呢？

师傅：Web自动化测试就是对每个网页进行，网页是由文本、图像、按钮等元素组成的。要测试页面中的某个元素首先要定位到这个元素。页面中的元素都是通过层级组织起来的，每个元素都有不同标签名和属性值，WebDriver可以通过元素信息或其层级结构进行定位。

在谷歌Chrome浏览器中，一种方法是将鼠标指针移动到期望的元素上，然后右击，在弹出的快捷菜单中选择"检查"选项。在浏览器的右侧将显示开发者工具窗口，鼠标指针所在的元素将高亮显示，如图6-23所示，可以根据元素的属性如ID、class等的值来定位到某一元素。另一种方法是按【F12】键打开开发者工具，单击选择元素的图标 ，单击要定位的元素，元素的信息将高亮显示。

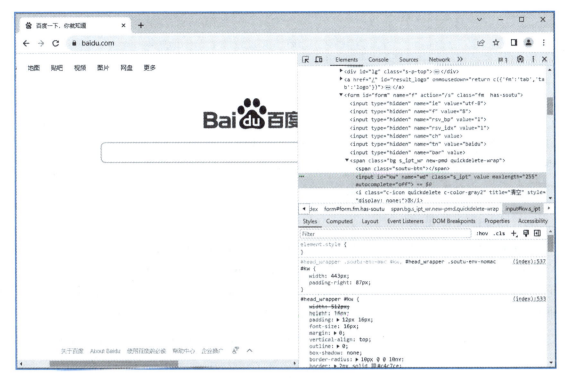

图 6-23　定位页面元素

WebDriver提供了一系列定位元素的方法，见表6-2。

表 6-2　元素定位方法

方　　法	描　　述	参　　数
find_element_by_id(id)	通过元素的 id 属性值来定位元素	元素的 id
find_element_by_name(name)	通过元素的 name 属性值来定位元素	元素的 name
find_element_by_class_name(name)	通过元素的 class name 名来定位元素	元素的 class name
find_element_by_tag_name(name)	通过元素的 tag name 名来定位元素	元素的 tag name
find_element_by_xpath(xpath)	通过元素的 xpath 来定位元素	元素的 xpath
find_element_by_css_selector(css_selector)	通过元素的 css 选择器来定位元素	元素的 css 选择器
find_element_by_link_text(link_text)	通过元素标签对之间的文本信息来定位元素文本信息	文本信息
find_element_by_partial_link_text(link_text)	通过元素标签对之间的部分文本信息来定位元素	部分文本信息

下面以百度首页为例，定位其中的元素。

1. id 定位

在HTML页面中，id属性的值是唯一的，通过id可以定位到具体的元素。WebDriver提供的id定位方法：find_element_by_id()，参数为元素的id属性值，结果返回与id属性值匹配的元素。

例如，百度输入框的HTML代码：

```
<input id="kw" name="wd" class="s_ipt" value="" maxlength="255" autocomplete="off">
```

通过id定位百度输入框。

```
driver.find_element_by_id("#kw").send_keys("Selenium自动化测试")
```

2. name 定位

HTML中可以指定元素的name属性值，name的属性值在页面中是不唯一的，所以通过name定位容易出现定位不准确现象。WebDriver提供的name定位方法有两个，即find_element_by_name() 和find_elements_by_name()，参数为元素的name属性值，返回与name属性值匹配的一个或一组元素。下面是使用find_element_by_name() 返回一个元素的例子。

```
driver.find_element_by_name("wd").send_keys("Selenium自动化测试")
```

3. class name 定位

HTML中可以用属性class指定元素的类名，class的属性值在页面中可以不唯一。WebDriver提供的class name定位方法有两个，find_element_by_class_name()和find_elements_by_class_name()，参数为元素的class属性值，返回与class属性值匹配的一个或一组元素。下面是使用find_element_by_class_name返回一个元素的例子。

```
driver.find_element_by_class_name("s_ipt").send_keys("Selenium自动化测试")
```

4. Tag name 定位

在HTML中，每个元素都是一个tag，通过tag实现不同的功能。一个tag用于定义一类功能，在一个页面中一个tag可以出现很多次，因此通过tag识别某个元素的概率很低。WebDriver提供的tag name定位方法有两个，即find_element_by_tag_name()和find_elements_by_tag_name()，参数为元素的标签名，返回与标签名匹配的一个或一组元素。下面是使用find_element_by_name() 返回一个元素的例子。

```
driver.find_element_by_tag_name("input").send_keys("Selenium自动化测试")
```

我们直接定位这个元素的标签名，可以成功定位，但是由于实际中tag name有很多相同的标签，可能会在运行时定位不准确，所以不建议使用这个。

5. XPath 定位

xpath是比较常用的定位，定位比较准确，但是缺点是绝对路径的xpath根据元素标签的相对位置来定位，如果页面的UI元素有所改动，结构路径变化的话，也会导致无法定位元素，不过这是针对用fullpath自动获取时的定位，我们完全可以根据层级关系和元素属性自己来写xpath路径，这样的话，即使其他路径结构变化，对于xpath定位的准确度还有一定的保障。所用函数为find_element_by_xpath()。例如：

```
driver.find_element_by_xpath(".//*[@id='wd1']").send_keys("python")
```

6. CSS Selector 定位

使用CSS的选择器也可以来定位元素，可以通过id、alass等实现，其定位速度一般比XPath要快。

用id来定位：

```
driver.find_element_by_css_selector("#kw").send_keys("Selnium")
```

用class来定位：

```
driver.find_element_by_css_selector(".s_ipt").send_keys("Selnium")
```

用标签名来定位(tag name)：

```
driver.find_element_by_css_selector("input").send_keys("Selnium")
```

用父子关系来定位：

```
driver.find_element_by_css_selector("form>input").send_keys("Selnium")
```

用标签和属性来定位：

```
driver.find_element_by_css_selector("input[id='kw']")
```

7. Link Text 定位

Link定位是用来定义文本链接的，通过标签对之间的文本信息来定位元素。在百度页面有"新闻""地图""视频"等文本链接。WebDriver提供的Link_Text定位方法有两个，即find_element_by_link_text()和find_elements_by_link_text()，参数为标签对之间的文本信息。

例如，通过文本链接的名字找到元素，并进行click()点击操作，即可进入新闻页：

```
driver.find_element_by_link_text("新闻").click()
```

8. Partial link text 定位

Partial link定位是取文本链接中的一部分文本进行定位。Partial link定位是对link定位的一种补充。例如通过文本链接"新闻"中一部分文本"闻"进行定位。

```
driver.find_elements_by_partial_link_text("闻").click()
```

我们通过链接的部分文字信息来定位到这个元素，依旧可以成功定位。

四、Selenium 常用方法

小张同学：在定位到某一个固定的元素之后，如何模拟鼠标和键盘进行单击、输入等操作呢？

师傅：除了上面说到的浏览器操作方法和页面元素定位方法，WebDriver还有很多其他的方法用来模拟鼠标和键盘操作。

Selenium 常用方法

1. 元素常用操作

WebDriver中提供了一些操作对象的方法，见表6-3。

表6-3 操作对象方法

方　　法	描　　述
clear()	清除输入框等内容，如默认用户名和密码
send_keys()	向输入框输入内容
submit()	提交表单

2. 鼠标常用操作

在Web自动化测试中，经常需要用鼠标进行操作，比如单击、双击、悬停等操作。在WebDriver中，提供了鼠标操作方法，这些方法封装在ActionChains类中，见表6-4。

表6-4 鼠标操作方法

方　　法	描　　述
click()	鼠标单击
context_click()	鼠标右键单击
double_click()	鼠标双击
click_and_hold()	按住鼠标左键不动
move_to_element()	鼠标悬停，移动到某个元素
move_by_offset(xoffset,yoffset)	移动到某个坐标
drag_and_drop(source,target)	鼠标拖动，将元素从起点 source 移动到终点 target
drag_and_drop_by_offset(source,xoffset,yoffset)	按照坐标移动
release()	在某个元素上释放鼠标
perfrom()	执行所有 ActionChains 中存储的行为

ActionChains的执行原理是：调用ActionChains()方法的时候，用户行为不会立刻执行，而是将所有操作放在一个队列中，当执行perform()方法时，按照放入队列的顺序先进先出执行。在使用的时候，先引入ActionChains类，然后定位相关元素，最后在ActionChains()调用操作方法。

例如，鼠标拖动元素操作：

```
from selenium.webdriver import ActionChains
origin = driver.find_element_by_id("XX")
target = driver.find_element_by_id("XX")
ActionChains(driver).drag_and_drop(origin,target).perform()
```

3. 键盘常用操作

在WebDriver中提供了键盘操作方法，这些操作方法封装在Keys类中，使用之前需要导入Keys类：

```
from selenium.webdriver.common.keys import Keys
```

常用的组合键见表6-5。

表6-5 常用组合键

方　　法	描　　述
send_keys(Keys.CONTROL，'a')	全选
send_keys(Keys.CONTROL，'c')	复制
send_keys(Keys.CONTROL，'v')	粘贴
send_keys(Keys.CONTROL，'x')	剪切

续表

方　　法	描　　述
send_keys(Keys.ENTER)	回车键
send_keys(Keys.BACK_SPACE)	删除键（删除前一个元素）
send_keys(Keys.SPACE)	空格键
send_keys(Keys.TAB)	制表键
send_keys(Keys.ESCAPE)	回退键
send_keys(Keys.F5)	刷新键（F5 键）

例如：在选中的文本框粘贴复制的内容，并输入回车键。

```
driver.find_element_by_id("kw").send_keys(Keys.CONTROL,'v')
driver.find_element_by_id("kw").send_keys(Keys.ENTER)
```

4. 定位 frame 中的对象

当Web页面包含frame类型标签的页面时需要进行切换。frame类型标签是一种表单框架，是在当前页面的指定区域中显示另一页面的元素。WebDriver只能在一个页面中定位元素，如果页面中包含frame类型的标签，则无法定位frame类型标签中的元素。如果要定位frame类型标签中的元素，需要先切换到frame类型标签的页面中，WebDriver提供了switch_to.frame()方法进行切换。

```
driver.switch_to.frame(id/name)         //参数可以是id或name的值
```

注意：

在表单嵌套中，使用 switch_to.default_content() 回到上一级表单。

5. 弹出框操作

在网页中，经常会有一些弹出框，可以分为三类：输入框、提示框和确认框。当页面中出现弹出框时，就要对弹出框进行处理，才能进行下一步操作。

WebDriver中提供了弹出框操作方法，这些操作方法封装在Alerts类中，使用之前需要获取Alerts类的对象：

```
driver.switch_to.alert
```

WebDriver中提供了弹出框操作方法，见表6-6。

表6-6　弹出框操作方法

方　　法	描　　述
accept()	确认弹出框信息
dismiss()	取消弹出框信息
send_keys()	向弹出框输入信息

6. 下拉菜单处理

针对页面中的下拉菜单，先定位到下拉菜单，再定位选项。单击动作，第一次单击下拉菜单，第二次单击选项。

（1）下拉菜单不需单击，鼠标指针放上去就会显示选项，可以使用move_to_element()方法定位。

（2）针对下拉菜单标签是select的，需要导入Select类：

```
from selenium.webdriver.support.select import Select
```

Select类提供了一些方法对选项元素进行定位，见表6-7。

表6-7 下拉菜单处理方法

方　　法	描　　述
select_by_index(index)	根据 index 属性定位选项，index 从 0 开始
select_by_value(value)	根据 value 属性定位
select_by_visible_text(text)	根据选项文本值来定位
first_selected_option()	选择第一个选项
deselect_by_index(index)	根据 index 属性清除选定选项，index 从 0 开始
deselect_by_value(value)	根据 value 属性清除选项
deselect_by_visible_text(text)	根据选项文本值清除选项
deselect_all()	清除所有选项

五、设置等待时间

小张同学：在前面元素定位运行脚本的时候，经常会出现找不到页面元素的现象，但是元素定位是正确的，这是什么原因呢？

师傅：这类问题通常是脚本不稳定导致的，由于网速等原因，在页面未加载完成时，后面的代码已经执行，开始在当前页面中查找元素。因页面元素未加载完成所以找不到对应元素，解决这类问题需要在脚本中设置等待时间。

常用的等待时间设置有三种方法，但是它们的应用场景是不同的。

1. sleep()

sleep()是Python的time模块提供的休眠方法，用于强制等待、设置固定休眠时间，参数为等待的时间。这种方法是最简单、最直接的，但是这种方法有一定的局限性，会因网络和硬件环境不同而导致等待时间不同。

2. implicitly_wait()

implicitly_wait()是WebDriver提供的一个隐性等待的时间，参数为等待的时间。implicitly_wait()设置的等待时间在WebDriver对象实例的整个生命周期起作用，对所有元素设置等待时间，需等待页面所有元素加载完成后，才会执行下面的操作，如果超出等待时间则抛出异常。

这种方法存在不足，如当页面元素已经加载完成，但是js还未加载完成，它会继续等待，直至页面中所有元素加载完成，才会执行下面的操作。在某些情况下会影响页面执行速度。

3. WebDriverWait()

WebDriverWait()是WebDriver提供的另一个方法，用于显性等待，在设置时间内，默认每隔一段时间去检测页面元素是否存在，如果超出设置时间检测不到则抛出异常，默认抛出异常为NoSuchElementException。

WebDriverWait()在使用时，需要导入WebDriverWait类：

```
from selenium.webdriver.support.wait import WebDriverWait
```

WebDriverWait()的一般语法为：

```
WebDriverWait(driver, timeout, poll_frequency=0.5, ignored_exceptions=None)
```

4个参数的具体含义如下：
- driver：浏览器驱动。
- timeout：等待时间。
- poll_frequency：检测的间隔时间，默认0.5 s。
- ignored_exceptions：超时后的异常信息，默认抛出NoSuchElementException。

任务五　使用自动化测试模型进行自动化测试

任务描述

在自动化测试中，有一些常用的自动化测试模型，使用自动化测试模型可以减少代码重复性，提高代码的复用性和可维护性。

自动化测试模型

任务实施

小张同学：现在常用的自动化测试模型有哪些呢？

师傅：随着自动化测试技术的发展，自动化测试模型也在不断演化，主要有线性测试、模块化驱动测试、数据驱动测试和关键字驱动测试。

一、线性测试

线性脚本是通过录制或编写对应用程序的操作而产生的，每个线性脚本都是一个完整的场景，是对用户完整操作的模拟。自动化测试和人工测试不一样。人工测试登录一次系统可以进行很多测试，最后退出。自动化测试每执行一个测试用例都要进行登录和退出一次。

线性测试模型的优点是：每个脚本都是完整且相对独立的，脚本之间不产生依赖和调用，即每个脚本都可以单独执行。缺点是代码冗余度高，开发和维护成本比较高。测试用例之间可能存在重复的操作，比如登录和退出，这样就需要为每一个测试用例录制或编写这些重复的操作，且当操作发生改变时，就要逐一进行修改。

例如，以登录WebTours航班订票系统为例进行测试：

```
from selenium import webdriver
```

```
from time import sleep
driver = webdriver.Chrome()
driver.get('http://localhost:1080/webtours/')
driver.maximize_window()
sleep(1)
driver.switch_to.frame('body')
driver.switch_to.frame('navbar')
driver.find_element_by_xpath('/html/body/form/table/tbody/tr[4]/td[2]/input').send_keys('jojo')
driver.find_element_by_xpath('/html/body/form/table/tbody/tr[6]/td[2]/input').send_keys('bean')
driver.find_element_by_xpath('/html/body/form/table/tbody/tr[8]/td[2]/input').click()
# 预订航班
driver.switch_to.default_content()
driver.switch_to.frame('body')
driver.switch_to.frame('navbar')
driver.find_element_by_xpath('/html/body/center/center/a[1]/img').click()
driver.switch_to.default_content()
driver.switch_to.frame('body')
driver.switch_to.frame('info')
driver.find_element_by_name('findFlights').click()
driver.find_element_by_name('reserveFlights').click()
driver.find_element_by_name('buyFlights').click()
#退出登录
driver.switch_to.default_content()
driver.switch_to.frame('body')
driver.switch_to.frame('navbar')
driver.find_element_by_xpath('/html/body/center/center/a[4]/img').click()
```

二、模块化驱动测试

线性测试开发和维护成本比较高，为了解决这一问题，借鉴编程语言中的模块化的思想，把重复的操作单独封装成独立的公共模块，在执行测试用例过程中，需要用到该模块时，直接进行调用，这样就最大限度地消除了重复，降低了代码冗余度，从而提高了脚本的可维护性。比如，我们可以把登录和退出分别封装成独立的公共模块，在执行测试用例的时候直接调用这两个模块就可以。

模块化驱动测试的优点是：减少了代码重复性，提高代码的复用性，可维护性高。缺点是：虽然模块化的步骤相同，但是测试数据不同，仍需要编写重复的脚本。

这里，将WebTours航班订票系统登录操作封装在login()函数中，预定航班操作封装在buyFlights()函数中，退出操作封装在logout()函数中，在需要的时候直接调用就可以。登录和退出操作封装后的具体代码如下：

```
from selenium import webdriver
```

```python
from time import sleep
class LogInOut():
    # 登录
    def login(self,username,password):
        driver.switch_to.frame('body')
        driver.switch_to.frame('navbar')
        driver.find_element_by_xpath('/html/body/form/table/tbody/tr[4]/td[2]/input').send_keys(username)
        driver.find_element_by_xpath('/html/body/form/table/tbody/tr[6]/td[2]/input').send_keys(password)
        driver.find_element_by_xpath('/html/body/form/table/tbody/tr[8]/td[2]/input').click()
    # 预订航班
    def  buyFlights(self):
        driver.switch_to.default_content()
        driver.switch_to.frame('body')
        driver.switch_to.frame('navbar')
        driver.find_element_by_xpath('/html/body/center/center/a[1]/img').click()
        driver.switch_to.default_content()
        driver.switch_to.frame('body')
        driver.switch_to.frame('info')
        driver.find_element_by_name('findFlights').click()
        driver.find_element_by_name('reserveFlights').click()
        driver.find_element_by_name('buyFlights').click()
    #退出登录
    def logout(self):
        driver.switch_to.default_content()
        driver.switch_to.frame('body')
        driver.switch_to.frame('navbar')
        driver.find_element_by_xpath('/html/body/center/center/a[4]/img').click()
        driver.quit()
username = 'jojo'
password = 'bean'
driver = webdriver.Chrome()
driver.get('http://localhost:1080/webtours/')
driver.maximize_window()
sleep(1)
LogInOut.login(driver,username,password)
LogInOut.buyFlights(driver)
LogInOut.logout(driver)
```

三、数据驱动测试

为了解决模块化测试中存在的问题，提出了数据驱动测试。数据驱动测试实现试了数据与脚本的分离，其实就是数据的参数化，数据可以来自数组、字典或外部文件（如Excel、csv、txt、xml等），输入的数据不同，输出的结果也不同。数据驱动测试进一步提高了脚本的复用性。以登录为例，需重新设计登录模块，使其可以接收不同的数据，把接收到的数据作为登录操作模块的一部分，这样可以很好地适应相同操作、不同数据的情况。

为了实现不同用户登录航班订票系统，需要将用户名和密码参数化。用户名和密码可以来自数组，也可以来自外部文件，实现了数据和脚本的分离。

小张同学：读取文件中的数据如果来自外部文件，那么如何打开文件呢？

师傅：在Python中提供了一些关于文件操作的方法，用于打开、关闭文件，读取文件中的内容，见表6-8。

表6-8　Python 中常用的文件操作的方法

方　　法	含　　义	说　　明
open(文件路径，打开方式)	打开文件	可以使用参数"encoding=编码"指定编码格式
read()	读取文件	可使用参数指定读取的长度
readline()	读取文件一行内容	每次读取文件中的一行内容
readlines()	读取全部文件内容	读取全部内容，按行进行存储
write()	写内容到文件中	写内容到文件中，需调用close()方法才能存储内容
close()	关闭文件	关闭当前文件

在Python中如果要打开文件，可以指定文件的打开模式，见表6-9。

表6-9　常用的文件打开模式

模　　式	含　　义
r	默认模式，以只读的方式打开
r+	以读写的方式打开
w	以写的方式打开。如果该文件已存在将其覆盖，如果不存在，创建新文件
w+	以读写的方式打开。如果该文件已存在将其覆盖，如果不存在，创建新文件
a+	以追加的方式打开。如果该文件已存在，在文件尾部写入，如果不存在，创建新文件进行写入
rb	以二进制读的方式打开
wb	以二进制写入的方式打开。如果该文件已存在将其覆盖，如果不存在，创建新文件
ab	以二进制追加读的方式打开
rb+	以二进制读写的方式打开
wb+	以二进制读写的方式打开。如果该文件已存在将其覆盖，如果不存在，创建新文件
ab+	以二进制追加读写的方式打开。如果该文件已存在，在文件尾部写入，如果不存在，创建新文件进行写入

1. 读取 txt 文件数据

txt文件是我们常用的文件类型，可以利用表6-9中提供的Python常用的文件操作方法读取其中的内容。这里有一个txt文件用来存放用户名和密码，用户名和密码用逗号","分隔。将存有用户名和密码的文件放在和当前Python文件在同一个目录下，以只读的方式打开，文件如图6-24所示。

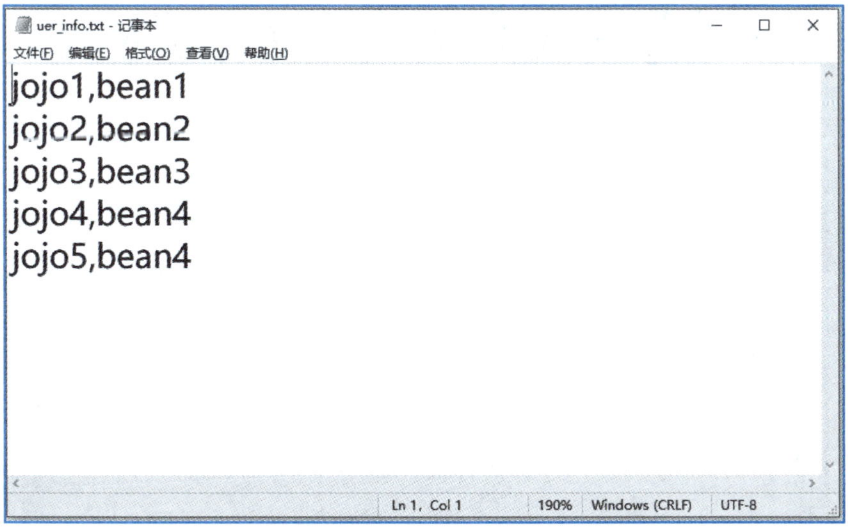

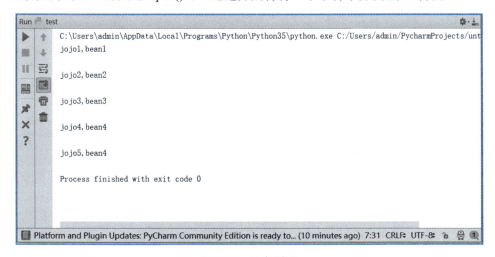

图 6-24 user_info 文件

代码如下:

```
fp = open('user_info.txt','r')
userinfo = fp.readlines()
fp.close()
for user in userinfo:
    username = user.split(',')[0]
    password = user.split(',')[1]
    print(username+','+ password)
```

运行结果如图6-25所示。split()可以通过分隔符将一个字符串分割成几部分。

图 6-25 运行结果

2. 读取 csv 文件数据

如果一组用户的信息比较多时,可以使用csv文件存取。创建一个Excel表格,另存为csv格式。注意不要通过直接修改文件的扩展名来创建csv文件。user_info.csv文件如图6-26所示。

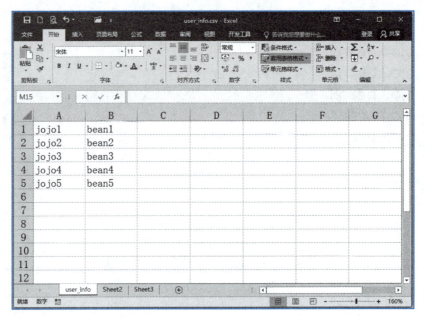

图 6-26　csv 文件

代码如下：

```
import csv
fp = open('user_info.csv','r')
userinfo = csv.reader(fp)
for user in userinfo:
    print(user)
```

运行结果如图6-27所示。

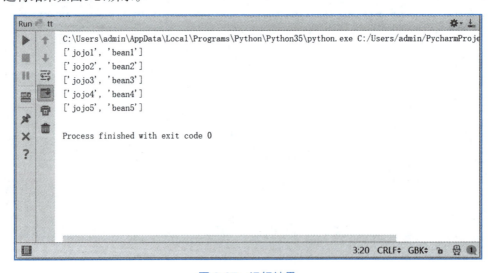

图 6-27　运行结果

四、关键字驱动测试

关键字驱动测试又被称为表驱动测试或基于动作字测试。这类框架会把自动化操作封装成"关键字",提供图形界面,避免测试人员直接接触代码,多以"填表格"的形式降低脚本的编写难度。典型的关键字驱动工具是UFT(之前的QTP)。

任务六 使用 UnitTest 框架进行自动化测试

任务描述

在Python中提供了一些单元测试的框架,这里介绍Python内置的一个单元测试框架UnitTest,学习如何使用UnitTest进行自动化测试。

UnitTest 介绍

任务实施

小张同学:Python中提供了哪些单元测试框架呢?

师傅:在Python语言下有很多单元测试框架,如UnitTest、pytest、doctest等。UnitTest是做单元测试比较常用的一个。

单元测试主要对较小的单元进行验证,在不同的语言中对单元的定义不同,在C语言中,一个函数就是一个单元;在Java语言中,一个类就是一个单元。

UnitTest框架是Python内置的单元测试框架,具备编写用例、组织用例、执行用例、输出报告等条件。除了UnitTest,在Python语言下还有很多单元测试框架,如pytest、doctest等。在Python 2.1以后的版本中,UnitTest已经被作为一个模块放在Python开发包中了。

一、相关概念

在UnitTest中有一些重要概念,需要大家理解,可以帮助大家更好地理解单元测试。

1. TestCase

一个TestCase其实就是一个测试用例。一个测试用例就是一个单元测试,通过单元测试对某一个功能进行验证。测试用例包括测试前的环境的搭建(setUp)、测试过程(run)、测试后环境的还原(tearDown)。UnitTest提供的一个基础类TestCase,用来创建测试用例。UnitTest中的测试用例以"test"开头。。

2. TestSuite

一个功能的验证往往需要多个测试用例,比如用户名根据需求可以设计多个测试用例,在执行这些测试用例的时候,可以将这些测试用例集合在一起来执行。TestSuite就是用来将多个测试用例集合在一起,可以通过addTest将TestCase添加到Suite中,从而返回一个TestSuite实例。一个TestSuite中的所有测试用例一起执行。

TestSuite的使用示例如下:

实例化:

```
suite = unittest.TestSuite()                    //实例化对象
```

添加用例:

```
suite.addTest(ClassName('MethodName'))          //添加用例
```

3. TextTestRunner

在进行单元测试时,执行测试用例是非常重要的。在单元测试框架中会提供丰富的执行策略和执行结果。在UnitTest测试框架中,通过TextTestRunner类提供的run()方法来执行TestCase或TestSuite,测试结果通常是一个特殊的值、图像界面或文本界面。

TextTestRunner的使用:

实例化:

```
runner = unittest.TextTestRunner()        //实例化对象
```

添加用例:

```
runner.run(suite)                         //执行测试
```

4. Fixture

一个Fixture就是一个测试用例环境的搭建和销毁。比如测试需要访问数据库中的数据,数据库的连接和访问结束销毁相关数据关闭连接就是一个Fixture。可以通过重写TestCase中的setUp()和tearDown()方法来实现,setUp()方法用于环境的初始化,tearDown()方法用于环境的还原。

以登录航班订票系统为例,具体代码如下:

```python
from selenium import webdriver
from time import sleep
import unittest
class TestLogInOut(unittest.TestCase):
    def setUp(self):
        self.driver = webdriver.Chrome()
    def testLogInOut1(self):
        driver = self.driver
        driver.get('http://localhost:1080/webtours/')
        driver.maximize_window()
        sleep(1)
        # 登录
        driver.switch_to.frame('body')
        driver.switch_to.frame('navbar')
        driver.find_element_by_xpath('/html/body/form/table/tbody/tr[4]/td[2]/input').send_keys('jojo')
        driver.find_element_by_xpath('/html/body/form/table/tbody/tr[6]/td[2]/input').send_keys('bean')
        driver.find_element_by_xpath('/html/body/form/table/tbody/tr[8]/td[2]/input').click()
        # 预订航班
        driver.switch_to.default_content()
        driver.switch_to.frame('body')
        driver.switch_to.frame('navbar')
```

```
        driver.find_element_by_xpath('/html/body/center/center/a[1]/img').click()
        driver.switch_to.default_content()
        driver.switch_to.frame('body')
        driver.switch_to.frame('info')
        driver.find_element_by_name('findFlights').click()
        driver.find_element_by_name('reserveFlights').click()
        driver.find_element_by_name('buyFlights').click()
        # 退出登录
        driver.switch_to.default_content()
        driver.switch_to.frame('body')
        driver.switch_to.frame('navbar')
        driver.find_element_by_xpath('/html/body/center/center/a[4]/img').click()
    def tearDown(self):
        print('the end')
if __name__ == '__main__':
    # 构造测试集suite
    suite = unittest.TestSuite()
    # 添加测试用例
    suite.addTest(TestLogInOut("testLogInOut1"))
    # 执行测试
    runner = unittest.TextTestRunner()
    runner.run(suite)
```

二、设置断言

断言是自动化测试脚本的重要内容，正确设置断言可以帮助我们判断测试用例的执行结果是否符合预期。UnitTest单元测试框架提供了一整套内置的断言方法，见表6-10。

表6-10 常用的断言方法

方 法	表 述
assertEqual(arg1,arg2,msg=None)	验证 arg1=arg2，不等则 fail
assertNotEqual(arg1, arg2, msg=None)	验证 arg1 != arg2，相等则 fail
asserttrue(expr, msg=None)	验证 expr 是 true，如果为 false，则 fail
assertFalse(expr,msg=None)	验证 expr 是 false，如果为 true，则 fail
assertIs(arg1, arg2, msg=None)	验证 arg1、arg2 是同一个对象，不是则 fail
assertIsNot(arg1, arg2, msg=None)	验证 arg1、arg2 不是同一个对象，是则 fail
assertIsNone(expr, msg=None)	验证 expr 是 None，不是则 fail
assertIsNotNone(expr, msg=None)	验证 expr 不是 None，是则 fail
assertIn(arg1, arg2, msg=None)	验证 arg1 是 arg2 的子串，不是则 fail
assertNotIn(arg1, arg2, msg=None)	验证 arg1 不是 arg2 的子串，是则 fail
assertIsInstance(obj, cls, msg=None)	验证 obj 是 cls 的实例，不是则 fail
assertNotIsInstance(obj, cls, msg=None)	验证 obj 不是 cls 的实例，是则 fail

续表

方 法	表 述
assertGreater (first, second, msg = None)	验证 first > second，否则 fail
assertGreaterEqual (first, second, msg = None)	验证 first ≥ second，否则 fail
assertLess (first, second, msg = None)	验证 first < second，否则 fail
assertLessEqual (first, second, msg = None)	验证 first ≤ second，否则 fail
assertRegexpMatches (text, regexp, msg = None)	验证正则表达式 regexp 搜索匹配的文本 text regexp：通常使用 re.search()

断言航班订票系统登录成功的代码如下：

```python
from selenium import webdriver
from time import sleep
import unittest
class TestLogInOut(unittest.TestCase):
    def setUp(self):
        self.driver = webdriver.Chrome()
    def testLogInOut1(self):
        driver = self.driver
        driver.get('http://localhost:1080/webtours/')
        driver.maximize_window()
        sleep(1)
        # 登录
        driver.switch_to.frame('body')
        driver.switch_to.frame('navbar')
        driver.find_element_by_xpath('/html/body/form/table/tbody/tr[4]/td[2]/input').send_keys('jojo')
        driver.find_element_by_xpath('/html/body/form/table/tbody/tr[6]/td[2]/input').send_keys('bean')
        driver.find_element_by_xpath('/html/body/form/table/tbody/tr[8]/td[2]/input').click()
        # 断言
        driver.switch_to.default_content()
        driver.switch_to.frame('body')
        driver.switch_to.frame('info')
        username = driver.find_element_by_xpath('/html/body/blockquote/b').text
        self.assertEqual(username,'jojo','登录成功')
        # 预订航班
        driver.switch_to.default_content()
        driver.switch_to.frame('body')
        driver.switch_to.frame('navbar')
        driver.find_element_by_xpath('/html/body/center/center/a[1]/img').click()
```

```python
            driver.switch_to.default_content()
            driver.switch_to.frame('body')
            driver.switch_to.frame('info')
            driver.find_element_by_name('findFlights').click()
            driver.find_element_by_name('reserveFlights').click()
            driver.find_element_by_name('buyFlights').click()
            # 退出登录
            driver.switch_to.default_content()
            driver.switch_to.frame('body')
            driver.switch_to.frame('navbar')
            driver.find_element_by_xpath('/html/body/center/center/a[4]/img').click()
        def tearDown(self):
            print('the end')
    if __name__ == '__main__':
        # 构造测试集suite
        suite = unittest.TestSuite()
        # 添加测试用例
        suite.addTest(TestLogInOut("testLogInOut1"))
        # 执行测试
        runner = unittest.TextTestRunner()
        runner.run(suite)
```

三、生成测试报告

自动化测试执行完成之后，要查看测试结果需要生成测试报告，使用HTMLTestRunner模块可以生成HTML格式的报告。将HTMLTestRunner.py文件放到Python的lib目录下面就可以了。示例如下：

```python
from selenium import webdriver
from time import sleep
import unittest
from HTMLTestRunner import HTMLTestRunner
class TestLogInOut(unittest.TestCase):
    def setUp(self):
        self.driver = webdriver.Chrome()
    def testLogInOut1(self):
        driver = self.driver
        driver.get('http://localhost:1080/webtours/')
        driver.maximize_window()
        sleep(1)
        # 登录
        driver.switch_to.frame('body')
        driver.switch_to.frame('navbar')
```

```python
            driver.find_element_by_xpath('/html/body/form/table/tbody/tr[4]/td[2]/input').send_keys('jojo')
            driver.find_element_by_xpath('/html/body/form/table/tbody/tr[6]/td[2]/input').send_keys('bean')
            driver.find_element_by_xpath('/html/body/form/table/tbody/tr[8]/td[2]/input').click()
            # 断言
            driver.switch_to.default_content()
            driver.switch_to.frame('body')
            driver.switch_to.frame('info')
            username = driver.find_element_by_xpath('/html/body/blockquote/b').text
            self.assertEqual(username,'jojo','登录成功')
            # 预订航班
            driver.switch_to.default_content()
            driver.switch_to.frame('body')
            driver.switch_to.frame('navbar')
            driver.find_element_by_xpath('/html/body/center/center/a[1]/img').click()
            driver.switch_to.default_content()
            driver.switch_to.frame('body')
            driver.switch_to.frame('info')
            driver.find_element_by_name('findFlights').click()
            driver.find_element_by_name('reserveFlights').click()
            driver.find_element_by_name('buyFlights').click()
            # 退出登录
            driver.switch_to.default_content()
            driver.switch_to.frame('body')
            driver.switch_to.frame('navbar')
            driver.find_element_by_xpath('/html/body/center/center/a[4]/img').click()
    def tearDown(self):
        print('the end')
if __name__=='__main__':
    report_path = 'D://report.html'
    with open(report_path, "wb") as f:
        # 构造测试集suite
        suite = unittest.TestSuite()
        #添加测试用例
        suite.addTest(TestLogInOut("testLogInOut1"))
#执行测试
        runner = HTMLTestRunner(f, title='webtours登录测试报告', description='webtours登录测试报告')
        runner.run(suite)
    f.close()
```

运行程序后，在D盘下面有一个HTML文件report.html，打开生成的测试报告如图6-28所示，使用HTMLTestRunner产生的测试报告，页面比较简单。

图 6-28　HTMLTestRunner 测试报告

如果要美化测试报告，可以使用BSTestRunner，将BSTestRunner.py文件放到Python的lib目录下面就可以了。示例如下：

```
from selenium import webdriver
from time import sleep
import unittest
from  BSTestRunner import BSTestRunner
class TestLogInOut(unittest.TestCase):
    def setUp(self):
        self.driver = webdriver.Chrome()
    def testLogInOut1(self):
        driver = self.driver
        driver.get('http://localhost:1080/webtours/')
        driver.maximize_window()
        sleep(1)
        # 登录
        driver.switch_to.frame('body')
        driver.switch_to.frame('navbar')
        driver.find_element_by_xpath('/html/body/form/table/tbody/tr[4]/td[2]/input').send_keys('jojo')
```

```python
            driver.find_element_by_xpath('/html/body/form/table/tbody/tr[6]/td[2]/input').send_keys('bean')
            driver.find_element_by_xpath('/html/body/form/table/tbody/tr[8]/td[2]/input').click()
            # 断言
            driver.switch_to.default_content()
            driver.switch_to.frame('body')
            driver.switch_to.frame('info')
            username = driver.find_element_by_xpath ('/html/body/blockquote/b').text
            self.assertEqual(username,'jojo','登录成功')
            # 预订航班
            driver.switch_to.default_content()
            driver.switch_to.frame('body')
            driver.switch_to.frame('navbar')
            driver.find_element_by_xpath('/html/body/center/center/a[1]/img').click()
            driver.switch_to.default_content()
            driver.switch_to.frame('body')
            driver.switch_to.frame('info')
            driver.find_element_by_name('findFlights').click()
            driver.find_element_by_name('reserveFlights').click()
            driver.find_element_by_name('buyFlights').click()
            # 退出登录
            driver.switch_to.default_content()
            driver.switch_to.frame('body')
            driver.switch_to.frame('navbar')
            driver.find_element_by_xpath('/html/body/center/center/a[4]/img').click()
    def tearDown(self):
        print('the end')
if __name__=='__main__':
    report_path = 'D://bsreport.html'
    with open(report_path, "wb") as f:
        # 构造测试集suite
        suite = unittest.TestSuite()
        #添加测试用例
        suite.addTest(TestLogInOut("testLogInOut1"))
        #执行测试
        runner = BSTestRunner(f, title='webtours登录测试报告', description='webtours登录测试报告')
        runner.run(suite)
    f.close()
```

运行程序后，在D盘下面有一个HTML文件report.html，打开生成的测试报告，如图6-29所示。

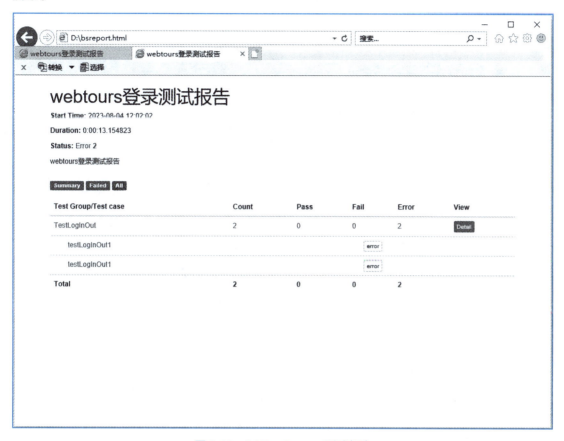

图 6-29　BSTestRunner 测试报告

项目小结

自动化测试是借助测试工具、测试规范，从而局部或全部代替手工进行非技术性、重复性、冗长的测试活动，从而提高测试效率和质量的过程。自动化测试是软件测试的一个重要组成部分，它能够完成许多手工测试无法完成或难以实现的测试工作。软件自动化测试是通过执行某种编程语言编写的自动化脚本程序，模拟手动测试的步骤完成测试的过程。

自动化测试具有一致性和重复性特点，可以提高测试的效率和准确率，能够完成一些手工测试无法完成的测试。但是自动化测试不能完全替代手工测试，发现缺陷的能力也较弱，对测试人员的技术要求更高。

不是所有的项目都能引入自动化测试，需要满足一定的条件：项目需求变动不频繁、项目周期足够长、自动化测试脚本可以重复使用。

自动化测试的基本流程一般包括：可行性分析、分析测试需求、制定测试计划、设计测试用例、搭建测试环境、开发测试脚本、分析测试结果、跟踪测试 Bug、编写自动化测试报告。

常用的自动化测试工具有 Selenium、QTP、Appium、UFT。

 习 题

1. 简述自动化测试的优缺点。
2. 简述自动化测试的基本流程。
3. 简述自动化测试常用的模型。